城市形象景观设计

The Image of City Landscape Design

主　编　周麟祥

副主编　周　捷　潘婉萍　周　敏

中国建筑工业出版社

图书在版编目（CIP）数据

城市形象景观设计 / 周麟祥主编 . — 北京 ：中国建
筑工业出版社，2014.8
ISBN 978-7-112-17192-7

Ⅰ . ①城… Ⅱ . ①周… Ⅲ . ①城市景观—景观设计
Ⅳ . ① TU-856

中国版本图书馆 CIP 数据核字 (2014) 第 194208 号

责任编辑：唐 旭 张 华
责任校对：刘 钰 刘梦然

城市形象景观设计

主 编 周麟祥

副主编 周 捷 潘婉萍 周 敏

＊

中国建筑工业出版社出版、发行（北京西郊百万庄）

各地新华书店、建筑书店经销

北京盛通印刷股份有限公司印制

＊

开本：880×1230毫米 1/16 印张：10 字数：320千字
2016年5月第一版 2016年5月第一次印刷
定价：68.00 元
ISBN 978-7-112-17192-7
（25549）

序

城市形象景观设计，对于具有深厚文化积淀、处于转型期的中国而言，依然是一个全新的课题。本书以探索的精神出发，力图补充构建完整的城市设计体系，无疑具有促进国家城镇化可持续发展学术研究的积极意义。

以环境设计系统的理念与方法指导城市形象景观设计的可持续发展运行、以中国特色社会主义法律体系建设的成果规范城市景观建设的立项决策程序，符合国家建设面向经济、政治、文化、社会、生态文明总体目标的科学发展观。

作为城市设计与城市景观建设，设计概念的缺失曾经是造成城市形象扭曲的原因之一。

城市规划与城市设计，实际是两个不同的概念。如同贝聿铭谈到北京城建时所说："北京只有 city plan（城市规划），没有 urban design（城市设计），这样建筑就很难搞好。必须把 urban design 搞起来。"（见王军著.《采访本上的城市》.生活•读书•新知三联书店,2008,6）。2005 年，辽宁教育出版社出版的由梁思成、陈占祥等著，王瑞智编的《梁陈方案与北京》，书中披露了一段鲜为人知的关于"规划和设计"的往事。陈占祥提到："最滑稽的是规划和计划这两个词。20世纪50年代初，苏联专家穆欣一听说都市计划委员会这个名称，就表示反对，说这不是计划，而应是城市设计，他认为城市设计是计划的一部分。穆欣是莫斯科的总规划师，我最欣赏他。他的本意是计划与城市设计不能分家，他多次讲了这个问题，但翻译翻不出来，就用规划这个词来代替城市设计。所以，都市计划委员会后来改名为都市规划委员会。这很滑稽，穆欣的本意是城市设计，而我们却只认为是规划，只不过把计划这个词改成了规划而已。"

"设计以文化创新、生活方式及审美取向的提升为理念；以发现问题、分析问题、解决问题的思考为基本方法；以人的精神性、物质性需求及设计对象的物理特征、事理特征、情理特征的把握与体现为要旨；以价值创造与形态创造的适度统一为目标，建构设计学研究的方法体系。"（国务院学位委员会第六届学科评议组编《学位授予和人才培养一级学科简介》）对于今日中国来讲，无论社会大众还是决策层，在思想观念的深处，能够真正理解以上所列之设计（DESIGN）内涵的为数不多。因为，设计理念的推广，依赖于现代化的进程。然而，中国是一个并未真正经过工业文明洗礼的国家，目前尚处于从计划经济向市场经济的转型过程中。正是由于设计概念的缺失，所以导致我们的城市规划一直难以落实到一种理想的境地。

设计是人类基于生存的本能，以进化所达成的智慧，通过思维与表达，以预先规划的进程，按照一定的价值观，创造与之相适应的生活方式。不同生活方式历经岁月的磨砺作为历史和传统沉淀为文化。从这层意义出发，设计就是文化建设。文化作为人类社会历史发展过程中所创造的物质与精神财富的总和，表现出无比深厚的内涵，不同地域文化又呈现出完全不同的特征。文化积淀所反映出的传统理念，以及物化的风格样式，成为城市空间的典型表象。然而，由于符合时代意识形态应有价值的文化观念缺位，承载文化积淀的城市空间、文化底蕴不断遭受破坏和流失，从而丧失独具特色的形象风貌。无论是视觉的城市景观印象，还是具有抽象思维倾向的城市表象，两者之间有着明显的差别。前者在文化定位缺失的情况下，会出现虚假的意象成分，而后者真实地反映了景观的内质。

作为文化遗产实体物象的城市，发达国家无不因其经历工业文明历史经验的反面教训而极其重视城市景观的文化遗产保护。留存 50 年以上的时代典型建筑与环境，具有文物价值的概念已被广为接受。其衡量标准就在于建筑与环境内在文化积淀的深度。这就是文化信息有效载体的不可复制性。具有文物价值的建筑，是难以通过复建而恢复其全部信息的。文物是文化积淀在城市景观层面显现的有效载体，然而，并不是每一个城市都具备相应的资源。

因此，转变城市景观建设的观念，在今日中国加速城镇化的进程中，就显得极为重要，其观念的转换体现在环境观、审美观、设计观三个层面。

东方传统文化背景下的环境观：人与自然和谐共享的观念贯通于东方文化的历史。在这种环境观的孕育下，建筑、园林、城市体现了文化内涵所赋予的特质：建筑结合自然环境互为映衬、相辅相成，园林以其自然的山水形态体现出深邃的意境。

西方传统文化背景下的环境观：人作为大自然主宰的观念贯通于西方文化的历史。在西方环境观的孕育下，建筑、园林、城市体现了文化内涵赋予的特质：建筑以其向上伸展的形体张扬着人为的力量，园林以其规整的几何图形体现出人的意志。

就城市环境而言，城市形象景观设计需要融汇传统东西方文化精华，去其糟粕为今日所用。汲取当代世界先进文化所体现的优质资源，在现代转型中通过创新实施突破。

社会文化背景下审美观念的偏移，是目前城市形象景观设计存在的主要问题。形态的高大与雄浑、光色的多彩与炫目、意象的富丽与奢华，成为城市建设中追求的表象。

因此，从传统美学观到环境美学观的转换就显得十分重要。美学要素非常突出的环境就拥有美学价值，然而，这种价值产生于体验当中。审美体验正是通过人的主观时间印象积累，所形成的特定场所阶段性空间形态信息集成的综合感受。以静观为主的传统审美定位于空间的、视觉的、造型的、又具有明确形象直观实体创造的反映；以动观为主的环境审美来自于虚拟的、联想的、抽象的、具有文学色彩环境氛围创造的反映。这就是时空一体完整和谐的审美观。

真正的环境审美，具有融汇于场所、时空一体的归属感。如同物理学〝场〞的概念：作为物质存在的一种基本形态，具有能量、动量和质量。实物之间的相互作用依靠有关的场来实现。这种〝场〞效应的氛围显现只有通过人的全部感官，与场所的全方位信息交互才能够实现。环境审美不应该只通过一件单体的实物，而应该是能够调动起人的视、听、嗅、触，包括情感联想在内的全身心感受的环境体验场所。

需摒弃错误的设计观。设计＝时尚，设计＝式样，设计＝美观的错误逻辑，必然导出：艺术＝设计，设计＝装饰，装饰＝景观的错误观念。设计（DESIGN）的整个过程就是把各种细微的外界事物和感受，组织成明确的概念和艺术形式，从而构筑满足于人类情感和行为需求的物化世界。这就是功能与审美统一的正确设计观。只有实现从产品设计观到环境设计观，从单纯的商业产品意识向环境生态意识的转换，变工业文明的实物型经济为生态文明的知识型经济，才能实现城市设计的可持续发展。

环境设计以时间为主导的启示，对于城市形象的景观设计具有可资借鉴的积极意义。作为环境体验的时空定位，体现人的两种欲望：传统审美的空间、视觉、造型表达，具有图像色彩，容易满足感官刺激的欲望；环境审美的虚拟、联想、抽象表达，具有文学色彩，可以满足环境体验的欲望。不同的欲望导致不同的设计取向：具有图像色彩的设计观念——事物表象的取向；具有文学色彩的设计观念——事物本质的取向。事物表象的视觉感受——以空间主导的景观设计；事物本质的环境体验——以时间主导的景观设计。

以时间为主导的环境体验。传统造型艺术是以空间运动形式的某一片段作为最终的表征，在这里虽然有着时间因素的体现，但是空间的概念始终占据着主导地位。以环境概念定位的建筑艺术作为人与环境互动的艺术类型，却是时间与空间两种因素体现于特定场所的物象表征。在时间与空间这两种因素中，时间显然占据着主导地位。

环境的艺术是一种需要人的全部感官，通过特定场所的体验来感受的艺术，是一个主要靠时间的延续来反复品味的过程。时间因素相对于空间因素具有更

为重要的作用。空间的实体与虚拟形态呈现出相互作用的关系，在时间的流淌中，人通过观看与玩赏，才能真切地体会作品所传达的意义。环境的艺术空间表现特征是以时空综合的艺术表现形式所显现的美学价值来决定的。

"价值产生于体验当中，它是成为一个人所必需的要素。"

环境艺术作品的审美体验，正是通过人的主观时间印象积累，所形成的特定场所阶段性空间形态信息集成的综合感受。环境体验的价值定位因此成为城市形象景观设计的立足之道。

由周麟祥主编的城市形象景观设计，在很大程度上正在力求完成一个新的城市时空中的城市形象的改变及创新。

就城市形象景观而言，它既体现了一个城市有别于另一个城市的鲜明个性和特点，又显现了一个城市在艺术形象与构成中的发展趋势，以至由此形成的城市本身的独特形式感。

"城市形象景观设计"中如何体现城市文化的表现力及新颖的创新方式，书中阐述很有前瞻性，值得参考和研读。

清华大学美术学院博士生导师　郑曙旸
2016 年 1 月 19 日于荷清苑

前言

  城市形象是城市整体的精神形象的概括化表现。作为城市名片的城市形象，既包括城市建设的整体风貌，也包括城市蕴含的文化内涵，以及城市居民所体现的价值观、文化修养、知识水平和人生观等。城市形象不是自发、自在的对象，而是通过发挥人的想象力、创造力并借助现代科技呈现出来的。这就需要城市形象景观设计的介入，通过它将城市的整体外部形象、精神面貌等因素加以修饰、打磨，并最终以艺术的方式呈现出城市各自独特的形象景观。城市形象景观设计促进了城市的全面发展，有利于打破我国城市建设的雷同现象，创建立体化的城市空间，进而创建城市的品牌。城市不应该仅仅满足人的基本需求，还应顾及人的精神生活，而通过形象景观的艺术化处理，则可以进一步使城市给人以舒适、宜人的感受。

  城市形象景观设计正处在快速发展的过程中，主要表现为设计理念在不停地变化，有的受西方后现代思想影响，有的从中国传统文化中汲取资源，有的走中西融合的道路，在实际的设计及实现的过程中各种做法层出不穷，可谓百花齐放。本书正是针对当前我国城市形象设计这一系统庞大的主课题，分别从景观设计的各个角度和城市本身的形态等方面，从微观到宏观，并对不同层次上的实际需求进行了系统地研究，具有一定的理论意义与理论实践意义。

  本书在编写的过程中，参考了大量的技术文献和书籍，在此向这些作者深表谢意。同时得到有关单位的大力支持，在此也表示感谢。

  由于编者水平所限，不当之处在所难免，敬请有关专家、学者和广大读者给予批评指正。

目　录

第1章
城市形象景观设计概述

1.1 城市形象与城市形象设计的概念及内涵

城市形象是特定城市文化的综合体现，它是由城市本身的地域环境、经济水平、生活质量、历史人文、景观、公共设施等综合因素所决定的。它从多个不同层面和多个不同角度反映了社会公众对其城市的认知印象。从一般意义上来说，城市形象是社会公众对城市"形"和"象"的感受和印象，即"公众对一个城市的整体印象、整体感知和综合评价"，反映的是城市整体化的精神风貌，其内涵由硬件和软件两个部分构成：硬件包括城市布局、城市环境、建筑风格、道路交通、公共环境设施建设和历史景观等；软件包括城市历史文化、市民素养、风土人情、时尚价值取向和政府形象等（图1-1）。

城市形象基于单个个体对城市的感受，是一种个体体验。城市形象是城市各种要素的综合反映，具有一定的整体性、复杂性和流动性，每个人局限于自身因素，比如居住、价值取向、不同诉求、生活状况等，只能是局部的城市体验，是人们以自我需求与价值取向对所获城市信息过滤后的感知。人们通过对城市某一方面的体验、理解和认识，而形成对这个城市的基本认知，亦被称之为"意境地图"。由于每个人的生活工作环境、价值取向的不同而具有一定的信息选择性，刺激较强烈的感知容易被获得，相反则很难留下记忆。正如人们受自身条件限制对事物不可能完全了解一样，对事物的感知亦存在可感知与不被感知的差异，被感知的部分则构成了基本的感受，当基本的感

图1-1 金昌城市形象景观设计实例

受与个体已具有的文化符号发生共振就会产生"重要
印象"。虽然对城市的感知因文化、价值取向和生活
工作经历不同而各有差异，但是就人类文化而言则是
共通的，人们在共通的文化基础上对城市感知进行演
绎，进而形成城市形象。有学者从美学角度认为："城
市形象作为审美主题，主要是从'形'的方面反映了
城市的审美属性，是人们审美意识的对应物，离开了人，
离开了审美意识，就无所谓城市形象。"

　　城市形象不是城市本身所具有的一种离开人的感
知而独立存在的纯客观具象，也不是人们脱离城市具
象而存在的纯主观意识，而是在人们通过对城市三维
空间结构获得感知并予以审美体验的基础上，从审美
的角度对城市进行判断而获得美感的中介环节。城市
形象反映到人们感知上的是城市的局部要素，却以"整
体主观感觉"形成人们对城市的认识，即人们感知城
市局部，而意识结论却是城市"整体说明"。

　　城市形象是主客观结合产生的一种认知的结果。
由于人们主观理解性的差异，对城市形象的诠释也就
各有不同。

　　由于感受城市的主体各具个性化，而城市是一个
客观的三维结构系统，因而从美学意义上说，当个体
直接感受城市时，主观意识与客观具象的交互作用、
个体认知能力、个体与城市互动的内容与结果等因素
都会对个体关于城市形象的判断产生影响。

　　每个个体对城市形象的感受都只能是对城市局部
的印象和认知，而不可能是这个城市的全部，如著名
城市建筑学家凯文·林奇说："通常我们对城市的理
解并不是固定不变的，而是与其他一些相关事物混杂
在一起形成的，部分的、片面的印象，在城市中每一
个感官都会产生反应，综合之后就成为印象。"而这
种局部认知恰恰是人们心中最有价值的"印象部分"，
并以此作为对整个城市的认知与感受。

　　然而，一旦人们将城市历史与现实的各种元素融
合在一起，并通过公众媒体宣传，成为多数人的感知
或凝聚成一个总体概念时，此时人们对这个城市形象
的认知就已不是个体的一般价值感受，而是一种"社
会看法"或"社会整体流行看法"。这种看法汇集了
各个不同个体的主观感知，进而形成对城市形象的总
判断或流行判断。具体而言，城市形象一般是指特定
城市构成元素与历史、文化相融合给予个体的综合印
象与整体文化感受所构成的符号性说明，是城市传统、

图 1-2　城市标志是城市形象的组成部分

图 1-3　城市建筑建立了城市形象

城市物质水平与现代文明的综合反映，并且客观集中地表述了城市景观形态。当这种形象被主流社会所认可的时候，城市形象即具有了比较完整的历史文化意义（图1-2～图1-4）。

　　城市形象设计是在城市文化发展意义的"共识"基础上，通过有意识地组织、体验、整合、运作，从而创新和创造既具个性化又有共性化的城市形象塑造的过程。其基本理论最初源于城市规划过程中一定时期内城市发展计划与各项建设的综合部署的研究方面。城市规划是指研究城市的未来发展并管理各项资源以适应其发展的具体方法或过程，并指导安排城市各项工程建设的设计与开发。城市规划学属于综合性学科，它涉及建筑学、社会学、工程学、地理学、环境科学、经济学、美学等多种学科。从公共管理的角度，它是政府城市管理非常重要的组成部分。城市形象设计的学科基础与城市设计密切相关，旨在合理地、有效地创造一种良好的、有序的生活与活动环境为目的，都要在充分研究城市社会发展，综合城市历史文脉的基础上，协调城市空间布局，合理配置城市各项功能，协调好交通和科学安排城市形体等。二者之间既重叠又交叉，虽然所涉及的领域涵盖了城市建设系统的各个方面，但也有其显著的区别。以城市设计而言，它属于城市规划的范畴，为城市规划中某一空间领域。《不列颠百科全书》指出："城市设计是指为达到人类社会、经济、审美或者技术等目标而在形体方面所做的构思。"《中国大百科全书》概述为："城市设计是对城市形体环境所进行的设计，一般指在城市总体规划指导下，为近期开发地段的建设项目进行的详细规划与具体设计。城市设计的任务是为人们各种活动创造出具有一定空间形式的物质环境，内容包括各种建筑、市政设施、园林绿化等方面，必须综合体现社会、经济、城市功能、审美等各方面的要求，因此也称为综合环境设计。"城市设计主要是针对构成城市物质要素环境形态所作的综合部署与合理安排，着重于城市物质要素与空间的构成组合。而城市形象设计，则既包括对城市有形要素即城市实体和物质空间的构成组合，也包括对无形要素即城市发展理念与城市管理行为规则、市民行为规范等进行合理的规划、导引与协调。换句话说，它是包括城市形象的调研、定位、导入、传播、拓展和管理的完整系统。它是通过对城市的历史、风情、人文文化等诸多因素完整地"由表及里"的体现，

图1-4　干净、整洁的城市面貌构成城市形象

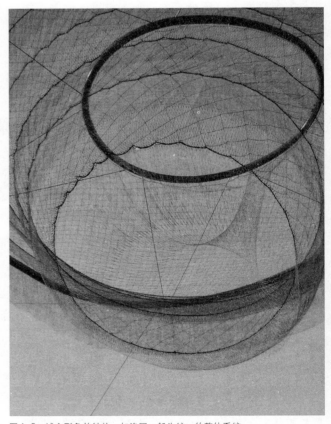
图1-5　城市形象的结构，如渔网一般为统一的整体系统

将城市形象的深刻内涵"由表及里"地逐渐显现出来的一个过程（图1-5）。

1.2　城市形象设计的主要内容

总而言之，城市形象设计是现代城市发展提出的客观要求，也是城市规划工作中的一个新课题。虽然城市形象设计的一些内容在以往的城市规划中有所体现，如城市性质的确定和城市景观的规划等，但作为城市形象的总体设计，显然必须根据前述几条原则，建立一个比较完整的设计体系。这一体系由下列三类设计内容所构成：

（1）城市的总体形象

这是城市形象的核心和本质的表现，它由城市的性质和主要职能决定，最能体现城市的个性。城市总体形象有两方面的内涵：规模形象和产业形象。规模形象的意义不言而喻，有大城市的恢宏和小城镇的精巧。产业形象则以特色最鲜明的产业为代表，而不一定以最大的产业为代表。

（2）城市的景观形象

这是城市形象最直接的表现形式。它包括城市的平面布局（鸟瞰构图）、轮廓线（平视构图）、沿街立面的构图和色彩、公园和绿地系统、商业街、市政广场等能反映城市特征的各种景观要素。城市的景观形象就是城市形象景观。

（3）城市的标志形象

城市标志形象是城市形象经过浓缩的表达形式，是经过抽象化的典型形象，它可以分为直观标志形象和无形标志形象两大类。城市的直观标志形象包括市徽、市旗、市花、市树、市鸟以及带有特定城市象征意义的雕塑和建筑。城市的无形标志形象包括城市的名称、美称、市歌以及宣传口号等。

1.3　城市形象的国内外研究进展概况

1.3.1　早期对城市形象的研究

早在古希腊罗马时代就开始了城市形象的研究。早期城市形象与现代城市形象的理论有很大区别。早期国外不具系统的城市形象研究，而是将其理念寓于城市规划建设、城市设计理论和城市美学理论之中，强调将城市美学、城市艺术应用于城市规划之中，在城市美学和城市艺术层面上进行规划与设计。这种对城市规划的认识观和行为可视为城市形象研究理论发展的初期阶段，虽然没有出现城市形象这个名词和概念，而实质上却是在进行城市形象的塑造。从城市的角度来看，城市美学与建筑美学具有同质性意义。古代城市多以一种建筑形式来体现，即以城墙作为城市象征符号（图1-6）。更重要的是，建筑形式集中体现了城市的外在形象与风格，建筑集中于城市，城市则集中了建筑的物质表现，古希腊罗马的城市和城邦便是建筑形式的一种。罗马时代维特鲁威在其古典名著《建筑十书》（图1-7）中就提出："建筑还应当造成能够保持坚固、适用、美观的原则。"由此看来，罗马时代就已经在城市规划与建筑建造中将美学意义和美的价值置于非常重要的位置，并在此基础上提出了城市景观价值体系、城市轮廓线所展现的城市空间

图1-6　古代城市遗址

图1-7　《建筑十书》书影

美学、城市空间功能、城市风格与城市传统、城市环境美学、城市建筑形象和建筑艺术与城市美的展现模式等。

城市美的社会意义在传统城市美的变迁中，总体上可以分为三个层次：一是基于人的生存需求和初始审美需求进行城市规划设计，创造人与自然和谐的城市美，以获得生存环境的舒适度与视觉的满足，这种人与自然的关系将因国家和地区文化的不同而不同；二是基于人对宗教价值的追求和宗教价值理念的体现创造人与宗教结合的城市美。这种城市美无论是初始宗教抑或是后来发展的宗教建筑文化体系，基本脱离了政治和经济价值，从不同的层面体现了宗教本真的真善美文化，并构成一定时期和一定民族的最高价值取向；三是基于人类社会经济发展的必然创造——人与政治结合的城市美。这种城市美的结构呈现出两极分化：一部分是政治取向与人类发展趋势相一致的城市美创造，并取得了惊人的成就；另一部分是政治性景观与人类社会进步相抵触的一种的创造，虽然这些创造成为了历史的负面文化遗存，但以其负面之形态而警示后代而成为美。

1.3.2 近代对城市美学的研究及实践

美的创造基本是符合人的本质需求的，因而从这个本质需求出发，一般都能从美的追求本身真正地去创造城市美与城市环境美的价值，而不会是政治符号的再现。这可追溯到欧洲 16 ~ 19 世纪的巴洛克城市设计，即所谓"城市造美运动"亦称之为"城市美化运动"。其重要的代表建筑是拿破仑三世对巴黎的建设与改造（图1-8）。这种"造美"运动从美学意义上去规划与建设城市，往往会出现两种结果：一是城市在一定程度上被美化，二是"造美"过度，使城市丧失了人本主义精神和失去了审美意义。

"城市造美运动"在一定程度上附加了更多的社会价值，有的甚至成为了地方政府的政治宣传和政绩体现的重要方式之一，美国芝加哥市造美城市就是很好的例证。1893 年芝加哥市获得了世博会举办资格，该市便在南部特地规划出的一片土地上，以"美观为原则"创造出一个古典风格、奢华、典雅、精美的建筑群，辅之以价格昂贵的绿地和豪华广场，以政治需求创造出美的城市（图1-9）。

实践中城市美化与城市形象的构建互有相通之处。

图1-8 现代的香榭丽舍大街，其城市肌理源自巴洛克城市设计

图1-9 1893 年的芝加哥世界博览会展馆区

图1-10 1893 年芝加哥世博会荣誉广场，过大的尺度造成了空旷感

城市美化规划包括三个层面：一是城市艺术层面，主要体现在以设置公共艺术品，比如以城市雕塑、壁画等方式装饰城市建筑与街道，从而使城市产生并体现出美来；二是城市政治改革层面，工业社会发展初期的城市内及其间的居住环境是具有很大的差异与不平等性的，此外还有城市发展所带来的城市建设腐败问题和城市社会问题，这些问题也是"城市造美"运动所要解决的；三是城市改造与更新层面，总体上来看城市美化运动的积极作用在于能够使城市土地得以有效利用，交通系统构建合理，城市风格与特点更加显著与独特，城市历史文化得以较好地保护延续。美国在这方面的发展很快。本质上创造一种新的城市空间秩序和景观体系是"城市造美运动"的最终目的，这其中既有于工业高速发展进程中创造城市的初衷，又有把城市改造成视觉美和景观美的愿景，更想创造一种新的城市美，其意义和影响是非常深远的。由此，美国建立了"城市公共中心"以专门研究城市美化问题。

实际上，在开发改造城市、更新城市环境、创造城市功能与景观等方面，城市美化运动取得的成功是巨大的。然而由于城市是社会发展的产物，"城市造美运动"不可避免地要受到政治文化的影响，因而其不仅"造美城市"，同时还"造美政治"，使"城市造美"烙上了政治印记，成为了政治业绩的载体，从而忽视了城市之于人的价值与意义。如这个时期的城市建筑和道路忽略了城市对于人的意义，其尺度均过大，几十米宽的马路给人的横穿造成了困扰，面对车来车往有种无助的感觉，人成为了交通工具的附庸（图1-10）。在此种"城市造美"做法流行时即被多数城市规划学者批为做表面文章。如沙里宁直指"这种装饰性的规划大都是为了满足城市的虚荣心，而很少从居民的感受、需求出发，考虑从根本上改善布局的性质，他并未给予城市整体以良好的居住和工作环境"。由于大多数专家学者对此种专做表面的"城市造美运动"持否定态度，因而在1909年首届全美城市规划大会上此种做法才得以适当控制。客观地看"城市造美运动"有些过激，但从美感的角度去规划城市建筑对"城市形象"创造还是具有一定积极意义的。理论上"城市造美运动"与城市形象建设虽没有直接联系，却因在表现和体现城市美方面取得成功，"城市造美"对于城市的整体发展具有很积极的意义。

从城市建设的目的来看，西方传统"城市造美"

与现代城市形象建设具有较大差异。前者以唯美而美为目的，后者重在创造社会进步，强调构建城市发展战略，提升城市整体形象品质。奥地利学者卡米诺·西特所著的《城市建设艺术》虽然大部分内容在论及城市广场文化，但所体现的城市建设的艺术思想却有重要价值，其所提出的理论对城市规划学界亦具有一定影响。西特认为："一座历史悠久的古代城市，其历史恰似一本记录在这座城市中所作的宗教的、精神的和艺术的投资的分类账。这种投资用它产生崇高影响的方式对人类赋予永恒的利息。密切的研究将表明这种利息的价值正如物质的利息一样，是与投资的数量成正比的，而这种利息的获得取决于投资者的明智与否。"这里西特以城市承载的宗教、精神和艺术永恒内涵影响人类发展的认识观，与城市形象建设影响社会发展的观点极具相似之处。

1.3.3　20 世纪对城市形象的研究

需要特别指出的是，城市形象构建和城市形象设计以更广泛的内涵展现城市形象美，一直是城市建筑设计与城市规划领域所关注的重要内容之一，因而在城市规划、城市形象设计以及城市人文景观再造等方面，各自以不同的创造方式、不同的角度共同展现了城市形象美。

城市形象及相关理论观点的萌芽始于 20 世纪二三十年代。苏联学者 A.B. 布宁博士和 T. 萨瓦连斯卡亚在所著《城市建设艺术史——20 世纪资本主义国家

图 1-11　第三国际纪念塔，构成主义代表作，预示着新风格建筑的到来

的城市建设》一书中指出："二三十年代之交，彻底破除数世纪以来的一切根深蒂固的城市建设美学观念开始了。这是由于城市的功能技术组织和建筑空间结构及其艺术形象都同时开始改变而发生的。"确如所述，欧洲、北美及亚洲这个时期的城市建设风格与建筑思想都出现了全新的变化。如开放式街区和开放式的绿化街区，与传统的、狭窄的石板路形成鲜明对照；独立式大众住宅、街区绿化与个人庭院绿化相结合"给予城市整体以良好的居住环境"。因而，布宁认为："新风格（在西方叫功能主义，而在苏联叫构成主义）的产生原因和发展阶段直到现在还是研究不够的。但早在 20 世纪 20 年代末它在许多欧洲国家就成了建筑思维的支配体系。同积累新建筑物一起，功能风格概念甚至在早已形成的大城市环境中开始感觉到了，而在二三十年代建成的小城镇里新风格已普遍地流行了。"总的来看，城市建筑学和城市规划学在其设计和研究中，与城市形象问题一直是息息相关的。布宁作为苏联学者在关于 20 世纪资本主义国家城市建设的研究中不可避免地具有浓厚的政治因素与倾向，但他对城市建设艺术的转折期的分析，是具有一定理论高度的。

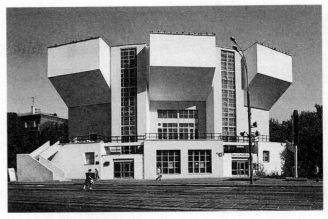

图 1-12 新风格建筑的实验

"当新建筑数量不多，或被异类建筑分散，或大小和形状不重要时，新风格的艺术上的可能还不能完全评价。但这种新风格变为城市的支配风格的时刻必将到来。到哪个时刻，它就得'接受全民的考验'，因为从今以后一切实用、工程技术和美学任务就综合在它里面了。对这个风格的最终评价和它的经久性，归根到底取决于新风格体系到何种程度才能成为城市艺术的结合力；取决于它作为情感的手段具有怎样的可能性；还取决于它的建筑形式、表现质感和颜色的多样性达到何种程度。"这里，布宁一方面指出"新风格"城市建筑尚处于萌芽状态；另一方面十分肯定支配城市风格的"新风格时刻必将到来"，其意义必须"接受全民的考验"，从而揭示出城市建设艺术新理念正在形成，这可以被视为当代城市形象建设理念的早期运作，即在 20 世纪二三十年代，学者们就认识到把城市艺术作为一种社会存在来"接受全民的考验"。需要指出的是，布宁提出了城市建设或者说是城市形象建设必须接受市民的整体考验的理念。从这个意义上来说，城市建设发展伊始就是建立在美学意义上和艺术形象上的。可以肯定，城市从人类一般意义的集居地，到具有美学意义上的宜居地，是基于人文之上的美学

图 1-13 点、线、面的结构构成为当时建筑设计的一大趋势

与艺术价值的创造，而从社会学的角度，城市形象体现的是社会全员意识和社会责任（图 1-11 ~ 图 1-13）。

第二次世界大战后，城市建筑物之间的关系开始受到城市设计的关注，同时城市设计亦开始注重城市文化背景在景观上的体现，特别是欧美等发达国家亦逐渐关注到城市形象在城市建设与城市规划体系中的体现，并从不同的意义上进行城市形象之美的设计，通过城市规划与建设将城市的个性化形象反映出来。由此，城市设计以城市景观规划为中心内容渐渐从城市规划中分离出来，而奠定了城市形象观念的基础。

"城市形象"概念最先是由美国著名城市规划专家凯文·林奇提出的，他在 1960 年出版的专著《城市意象》中，第一次提出了"城市形象"的概念。虽然林奇强调"城市形象"是人的综合"感受"，但他将城市视为一个需要用更长时间去感知的庞大的建筑，着重分析的是构成城市的各元素及其意向、城市的象征性和可读性，从感知城市的物理元素方面去研究城市景观，仍没有脱离城市规划学的范畴。此后，城市规划学界出现了遍及欧美大陆的波普艺术、光效应艺术、大地艺术、公共艺术和街道艺术等新环境表现艺术，这些新的表现形式对城市形象和城市建筑空间产生了较大的影响。随着推动经济社会发展的作用日渐显现，"城市形象建设"得到了城市规划设计学界、城市文化学界、经济学界和城市管理层的认同和共鸣。从 20 世纪 60 年代至今，国外研究城市形象塑造的理论和著述不断成熟与出现，城市形象无论是在理论还是建设实践方面，都具有极高的借鉴价值（图 1-14）。

1.3.4　当代中国城市形象理论发展

与国外城市形象设计实践渊源基本相似，我国城市形象设计最初亦源于城市规划。在 20 世纪 80 年代初改革开放的时代背景下，城市美学、城市景观设计理论开始兴起，郝慎钧于 1988 年 4 月将日本学者池泽宽的著作《城市风貌设计》介绍到国内，池泽宽认为：城市风貌是一个城市形象、城市特有的景观和面貌以及风采和神志的反映，表现了城市特征与气质；是市民文明精神、素养与进取精神的体现，同时还是城市文化和科技事业发展程度、经济实力、商业繁荣程度的体现。池泽宽同时认为：城市风貌以对城市最准确、最精彩的高度概括而给人们留下深刻的印象。虽然池泽宽城市形象理论没有脱离城市规划理论的框架，依然依托于城市规划理论之中，但是池泽宽明确提出了"城市形象"概念。之后《城市环境美的创造》出版，不少学者如李泽厚、齐康、吴良镛等分别从环境美学或纯美学等方向对城市形象建设进行研究。随着改革开放的大力推进，20 世纪 90 年代初，企业形象战略逐渐得到企业、政府管理部门的重视与实施，企业形象建设的经验亦受到国内城市规划学者的注意和借鉴，并用以探讨城市形象的构建、宣传和推广途径，在城市形象构建的实践中取得较多成果，一批较有影响的论著和文章相继面世。从城市发展史上来看，当经济、社会、文化发展缓慢时期，城市形象一般为自然形成。改革开放加快市场经济的发展，区域之间的经济竞争亦引发城市间激烈竞争，各城市间逐渐提升与开发城市自然与人文资源，研究设计城市可持续发展途径，打造城市形象风貌，依托城市形象品牌，以促进本区域经济、文化的发展与提升。

进入 21 世纪后，城市形象构建已获得政府、学界和企业的全方位认可，已成为城市发展和经济发展的资源和推力。可以肯定的是，中国城市的发展正在由传统意义上的聚居型、满足简单经济发展的工业生产型城市，向宜居型、环境生态型、形象艺术型城市转化，这是社会经济发展使然，也是城市居民社会认知观的发展使然，当然也是全球经济社会发展一体化的必然结果（图 1-15、图 1-16）。

图 1-14　凯文·林奇城市意象五要素：道路、边界、区域、节点和标志物

1.4 景观设计的概念和范畴

"景观"（landscape）一词源自《圣经》（希伯来文本）旧约全书描述梭罗门皇城（耶路撒冷）的美丽景色，这里的"景观"用语纯粹是视觉美学上的意义，与汉语中的"风景"、"景色"、"景致"，以及英语中"scenery"的含义无异。《韦伯斯特新国际英语词典》(第三版)中对"landscape"一词的解释有多种意义："描述一个自然景色的画面"、"一个视野范围内所见的、包括所有物体在内的领域"，"通过景观建筑或景观园林的手段提高景观的品质"。应该引起注意的是对英文后缀"-scape"的解释："对于一种特定类型的景色的如画的描述，例如'城市景观'、'水景观'等。"相对于"landscape"、"-scape"的释义，"view"的释义非常重要，其重要的意义在于对"风景、景色"的"看、观察"的动态性释义。因此"景观"（landscape，或者更精确地说是 -scape）概念除了释义目标对象的物质性，更突出了感知主体观察与参与的动态性。

在一段相当长的时间内，西方都将以自然元素为主体的公园、园林、城市绿地等作为对景观研究的重点，这个时期大多数园林风景学者对于景观理解为：视觉美学上的意义。实际上以美国为中心开展的景观的视觉美学意义"景观评价"始于 20 世纪 60 年代中期，主要是关注于景观的视觉质量并对此进行评价，实质上景观的"美"与景观的"视觉质量"是等同的。从感性的角度来看，景观评价是基于人对"景观价值"的主观认识。曾有学者认为，景观价值的意义就在于"景观所给予个人的美学意义上的主观满足"。

景观研究体系经过几十年不断深入的研究发展，已经逐渐突破了美学意义的范围，景观概念的外延与内涵均得到了更广泛的拓展，景观评价理论也逐渐出现不同的学派。如"景观地理学"从地理学角度看待景观，倾向于以整体的角度研究景观，即将生物和非生物的现象从整体的视角作为景观组成部分而予以研究。1939 年德国著名生物地理学家特罗尔提出"景观生态学"概念，他将景观"看作是人类生活环境中'空间的总体和视觉所触及的一切整体'"。他认为生态系统是以景观作为载体的，因此对景观整体结构和功能的研究，应该将生态学家对生态区域内的功能关系的研究和地理学家对自然现象空间关系的研究结合起来。

图 1-15 宜居型城市

图 1-16 环境生态型城市

"景观"研究体系具有多层次、多功能特性，不同学派的研究是相互补充也是对整个景观研究架构的补充和完善。虽然景观概念的内涵与外延都有了更为广阔的拓展与延伸，但在景观研究和设计的现实实践中最具有表现性的视觉美学意义始终在其中占有非常重要的位置。更重要的是，景观"作为社会精神文化系统的信息源"，它不仅具象直观、以视觉感知，更具有抽象思想、精神理性的意义，在传递美感信息的同时，其传达社会经济文化信息的作用是巨大而深刻的。另一方面，人们将值得回忆的景观在其记忆中不断思维内化，形成有价值的景观人文因素。从某种意义上说，景观承载了特定城市社会经济文化的内涵，而不仅仅只具有视觉美学上的意义（图 1-17 ~ 图 1-19）。

1.5 城市形象景观设计的概念及范畴

城市形象除了必须从抽象的城市文脉传承中去解

读以外，还可以从具象的城市建筑、城市雕塑、独具文化传承的匾额与牌楼和城市"空间"及色彩等外在形式体现和延续元素，即从城市景观中去解读。每一个城市都在通过人文景观、商业景观、旅游景观等方面去创造本城市的标志性景观，并直接展现出城市形象。

　　城市环境与人类的交流是双向的。一方面，人们因生存需要通过自己的劳动去改造环境，将自然环境改造为适应自身生存的新环境，以提高生存质量而努力构建理想中的城市；另一方面，城市环境反作用于人类的力量也非常强大，直接或间接地影响人的行为和思想。在这个往复不断地相互交流与作用的过程中，城市环境已逐步形成结构复杂、相互融合、多层次的、庞大的动态体系，而城市景观则构成了人类环境非常重要的实体部分（图1-20）。

　　对于城市来说，城市景观是通过城市各空间实物形态组合成的城市整体与局部的城市美学形象，它包括城市建筑景观、广场与街道景观、绿色景观、自然山水景观和公共艺术景观等。城市景观研究的目标是创造良好的城市景观，其内核是对城市"空间"之美的研究，不仅要研究形成整体之美的各种构成要素，还必须研究构成要素之间各自具有的美，以获得公众正向认知和有价值的评价，从而达成共识的过程，即城市形象景观设计。

1.5.1　城市形象景观设计的内涵

　　城市形象景观设计是一个系统工程，主要由城市标志性景观、城市的自然山水景观、人文历史景观、城市建筑景观、公共艺术景观、城市广场景观等互相关联的部分构成。城市形象景观设计师以三维空间对城市进行设计、谋划和合理安排，其设计概念是存在于城市公共"空间"环境的每一个角落的综合性景观识别概念，而不仅仅为现代标志物及以其符号系统。城市形象景观设计的目的是通过景观设计协调和调整环境与人的关系，以"宜人"的景观，构成环境与人之间的和谐共处（图1-21）。

　　城市形象景观设计一般是最直接地显现城市形象的元素，它是城市形象决策的环境化。城市景观构成的形式有多种，其中，城市标志性建筑或标志性景观，即城市"第一景观"是最易于被人们关注的城市景观元素，其"标志性"的特征表现为"之最"或"唯一"，

图1-17　城市中心区景观，不仅可以美化市容，也具有象征意义

图1-18　城市景观也是景观设计的一部分

图1-19　自然地理景观和城市景观共同组成城市形象

即当人们在谈到某一特定城市形象时，意识中首先想到的城市景观元素，这种首先反应是城市形象差异性在人们意识中的表现，显现的是景观的唯一性；而有区域性或世界"之最"或"唯一"景观的城市一般均受到世界瞩目。构成城市形象代表或"第一景观"不仅有多种要素，而且是多种要素动态"协作"构成的实体。因此，城市形象景观设计是将多要素、多层次的各景观元素有机地相互联系、相互协作起来而构成城市整体景观的过程。

1.5.2 城市形象景观设计的建构原则

建构城市形象景观设计的依据是城市理念，根据城市精神和发展方向的要求去体现城市整体形象，以达到补充、深化、完善和升华城市规划的目的。从城市整体形象来看，景观设计是其子系统，其建构应当强调人本精神，充分考虑城市历史文化的融通，将城市空间与其城市理念和人文文化有机地统一起来，并应遵循以下原则：

（1）功能、环境和理念互相融合的原则。城市景观通过在城市"空间"中展示其风采而成为城市环境的重要部分，并构成城市空间环境的重要实体，它的设计应该综合考虑城市空间与环境的整体效应。正确处理好设计实体与功能、环境、理念诸形体要素的关系，从而达到与城市总体及城市整体空间环境相协调、共生共融的境界（图1-22）。

（2）历史、现状和未来相衔接的"通时性"原则。城市由于城市景观而使时间重叠，并以不同节点形式使历史与时间无限延续。通常设计灵感可由特定历史文脉的刺激而来，因而必须敬畏历史，完整系统地发掘和整理，合理有效地利用和展示历史文化和人文传统，体现文化和文脉的传承与延续。另一方面，作为历史文明的载体，城市景观亦随着历史的不断发展而发展。正确处理历史景观对象与现代城市发展理念的对撞，保持景观的时代艺术性和科学技术水平与不同历史时段景观的"通时"生命力也是城市景观设计应予重点考量的因素。因此必须将现实与历史予以系统融合，从历史、现在和未来三个层面保持城市文化的延续性，景观建设的延续性，合理保护、适度开发与利用历史人文景观资源，确立城市景观可持续发展的设计理念（图1-23）。

（3）唯一性与独特性相一致原则。城市景观的内

图1-20　滨海、滨河城市与人的共同发展

图1-21　城市建筑景观和自然山水景观

图1-22　城市功能与环境相结合的绿色城市

图 1-23　现代功能与传统文化相结合的城市

图 1-24　伦敦塔、伦敦桥、大本钟等建筑共同组成了伦敦独特的城市形象

在品质形象的体现具有唯一性与独特性的特征，这些特征令人们产生有价值的值得回忆的印象，而良好个性的张扬是其促进品质形象特征形成的重要因素。因此提升城市景观品质形象特征与可识别性，有利于人们对良好城市环境的识别，有助于强化城市对人们的感召力（图1-24）。

（4）协调美与整体美相统一的原则。塑造城市形象景观的出发点是满足人们的审美情趣，因而其设计必须与之相适应，较好地把握人们日益增长的艺术需求和不断提高的审美能力；从各个不同的层面把城市独特而优秀的性格特征、价值观念、审美情趣等植入城市景观，体现出城市的自然、艺术与社会美的多重美学特征，进而以整体美产生强大的视觉冲击力。

城市景观积淀着城市历史文化，是构成城市独具特色的元素之一。它承载了人们对城市的情感。因此，应将上述基本原则贯穿于城市景观设计之中，深刻地理解不同环境下城市的特殊需要和独特差异，真正设计出适时美观、宜地合理的景观系统。

1.5.3　城市形象景观设计的建构内容

1.5.3.1　城市形象景观的空间基础系统

（1）城市景观形态设计：包括城市空间的总体布局、城市形态、城市结构等。城市景观设计是对城市设计的总体规划，许多建设项目都是在总体规划的宏观指导下进行的，对于控制、指导和管理城市建设起到总控全局的作用。城市的土地使用是总体规划中非常重要的组成部分（图1-25）。

（2）城市建筑景观设计：指城市中由单体建筑或多个建筑组成的建筑群构成的区域。通常建筑是城市文化表达的一种方式，不论是对其中的片段或部分进行分析，还是对其整体进行研究，都可以诠释出城市的文化与精神。一般而言，建筑都具有属于自己特定的文化符号意义，城市景观中标志性建筑是其重要的构成元素，特别是"城市第一景观"是一个城市乃至国家文化与特色的集中代表，是构成城市形象的主要象征物之一。每一座城市不论发达与否都在以不同方

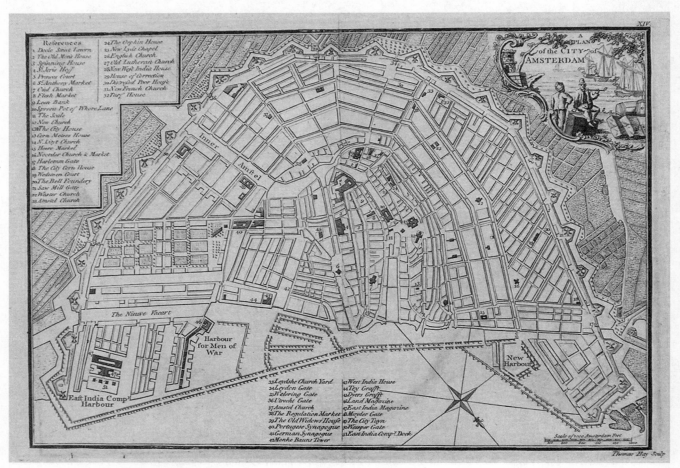

图1-25　1771年阿姆斯特丹城市规划详图

式创造自己的标志性建筑，而那些成为时间证人和市民心理共知的标志性建筑便成为了经典。城市历史文化、时代成就积淀是城市建筑的内涵，同时城市建筑是彰显城市独特价值的载体，独具特色的建筑具有刺激人们向往的持久魅力，时常唤起人们有价值的记忆。现在，单体建筑象征城市的时代已慢慢开始淡化，现代社会经济的进化使组合建筑群体，城市"空间"结构与功能、景观特色、建筑形态及组合，以及人们的生活环境等成为了景观设计关注的焦点（图1-26）。

图1-26　威尼斯广场的高塔因为成为了城市的代表，受到了世界上许多城市的借鉴与模仿

（3）开放空间与城市绿化：主要指森林、花园、草地及相关的自然存在形式，"绿化"景观具有视觉和谐、统一的天性，而季节色彩的变化亦是其个性的反映。城市绿化要将这种个性结合城市空间特点，做系统的、有地域识别指向的引导，使城市植物景观的色彩变化在时间上体现连续性，对城市形象起到环境美化的作用，这涉及开放空间和城市绿地（图1-27）。

城市形象景观的空间基础系统是基于城市本身的自然地缘形成的特定地理状况和自然环境的集合，由此产生城市形象的自然景观。由于自然山水景观很大程度上受制于自然因素，所以，基础系统的营造要在尊重自然、保护自然的基础上进行完善设计。

图1-27　美国某城市的绿色空间，平易近人的风格

（4）城市天际线设计：全景线又称城市天际线或轮廓线，是由高楼大厦构成的城市整体结构线，或由许多摩天大厦构成的局部轮廓线。全景线也被视为城市整体结构的人为全景轮廓，因全景线为人为设置而各城市均具独特，至目前为止世界上还没有出现完全相同的全景线。全景线为城市展开了广阔的天际景观，而大都会城市，摩天大厦在开阔城市天际景观方面发挥了重要的作用，因此也被称作"城市风光影画片"。

1.5.3.2　城市形象景观的空间主体系统

城市形象景观的空间主体系统是城市形象的物理表现形式，是城市空间环境的主体部分，主要体现了城市文化和个性，以及以外在结构形象充分体现城市形象。城市不是建筑物的堆积，而是通过标志性建筑和城市广场空间及建筑整体以各自的特点独特而完整地展现城市特质与城市文化，通过对空间主体系统的感知，从而从人文历史、经济和政治等方面去认识这个城市的主要特征，并形成人们心中的城市形象和定位。

（1）城市街道景观空间设计：街道景观是城市功能需求与城市空间艺术有机结合的空间系统，构成城

图1-28　城市街道是城市形象中的重要设计元素

市结构的脉络，包括城市节点空间、街区、道路等。街道景观空间设计应根据街道蕴含的历史、本身特点和结构形式进行专题性和针对性设计。城市节点是街道景观设计最重要的一个空间，它是展现城市特色的重要组成部分，体现了城市街道景观的最高境界。城市节点空间可分为两种类型，一是主要道路交叉口空间，二是出入口空间。节点空间一般对围合分割空间的建筑物、空间比例尺度，环境绿化有较高的要求。城市地下过街空间与城市居民和游客的出行紧密相关，亦是不容忽视的重要环节，它既增加了城市整体形象的识别，又增强了街道景观特色（图1-28）。

（2）城市广场景观空间设计：城市广场是依托于广场周围三维立体空间，与其周围建筑物、街道和环境共同构成城市区域景观中心，以开敞性、实体形式而存在。城市广场在城市中为市民提供集文化、娱乐、交际、休闲于一体的人为设置的空间场所，融合了自然美、艺术美和城市人文文化，因突出文化的主题而起到了城市"客厅"的作用。作为城市总体规划和城市开放空间设计的重要组成部分，城市广场空间系统的内容包括功能布局、空间结构、文化广场的性质、

标准与规模，广场与周边用地空间组织、城市交通联系和功能衔接等。城市广场是极具公共性的、最能反映城市文化魅力、最富艺术感染力的开放空间，其空间功能是城市多元化在向综合性和多样性的延伸（图1-29）。

（3）城市滨水景观设计：滨水景观是一种独特的线状景观，是形成城市印象的主要构成元素之一，极具景观美学价值。滨水植物景观是滨水景观的重要组成部分之一，因此，充分重视和建设好滨水植物景观，有助于城市形象的改变与提升，强化地区和城市的识别性。城市滨水景观在提升城市形象、扩展城市休闲空间、发展旅游等方面起到了一定的积极作用。"我国城市滨水资源已非常稀缺，要让稀缺资源真正发挥应有的社会效益和环境效益，就不能光从观赏的角度出发，而应更多地着眼于滨水景观的使用功能。"

（4）城市公园景观设计：城市公园也是城市绿化美化、改善生态环境的重要载体，特别是大型公园。

绿地的建设，使城市公园成为城市绿地系统中最大的绿色生态斑块，是城市中动植物资源最为丰富之所在，不仅在视觉上给人以美的享受，而且对局部小

图1-29　开敞的城市广场

气候的改善有明显效果，使粉尘、汽车尾气等得到有效抑制，被人们称为"城市的肺"、"城市的氧吧"。随着环保意识的增强，城市公园在改善生态和预防灾害方面的功能得到了加强。城市公园对于改善城市生态环境、居住环境和保护生物多样性均起着积极的、有效的作用（图1-30）。

1.5.3.3 城市形象景观的空间辅助系统

城市形象景观的空间辅助系统是指以实物景观为载体，通过光、色、声等环境设计，使具象实体赋予抽象意识体现出城市魅力的意境。这种意境是城市文化根性和与现代时尚性相关联的反映，它属于城市艺术设计学与城市营造美学的领域。它的价值取向指向旨在以景观意识差异化展现城市魅力。其运用法则是"变化与统一"的辩证关系。

（1）城市环境设施设计：包括标志性公共艺术、各类景观雕塑和城市标志等，景观雕塑又可分为纪念性景观雕塑、主题性景观雕塑、装饰性景观雕塑和陈列景观雕塑等，对城市环境具有很强的美化与装饰作用。城市环境设施作为一种文化现象，实质是一个城市文化和个性的综合反映（图1-31）。

城市形象景观的空间辅助系统，是指在实物景观的基础上，所做的色、光、声等环境设计，体现城市精神魅力的色彩意境。这种意境应该具有一定的城市文化根性和与这个文脉所发生的时尚性相关联。它的价值取向指向纠正"千城一面"的雷同现象，"变化与统一"的辩证关系是其运用法则，属于城市营造美学与城市艺术设计学的领域。

（2）城市色彩：城市色彩是承载着历史的、文化的因素，依附于城市景观之上的一种城市意识表示。"色彩地理学"认为，自然环境色彩与人文环境色彩的合理组合是城市景观形象的构成要素之一。自然环境色彩源自地貌、植被、水系、气候等层面，是随着自然气候环境变化而变化的。人文环境色彩分为两个层面，一是随着城市发展的变化而变化、来自城市建筑、公共设施、道路等人文环境色彩，它具有较强的稳定性与发展性；二是随着城市生活时尚的变化而变化、来自民俗习惯、标识系统、招牌等的生活环境色彩，它的稳定性较弱且具随意性。城市色彩营造的目标是以特定城市文脉为基础，将城市人文文化与城市发展理念和定位结合起来而凸显出富有特色的城市改造（图1-32）。

图1-30　城市空间中的绿地：城市公园

（3）城市景观照明设计：当电光源发明以后，建筑和城市逐步形成宣传这一工业产品的主要载体，光与城市建筑的结合衍生出了新的艺术领域：城市照明设计。简单来说，城市照明设计是为了安全和美化的目的，对城市元素进行夜间的亮化处理，并为了提升城市形象，追求艺术品质。城市照明与灯光的运用息息相关，它们为夜晚空间环境提供所需的必备机能，如商业机能、娱乐机能、休闲机能、交通机能等，并通过各种高科技演光手段对城市夜间景观环境进行二次审美创造，为市民夜生活提供必要、舒适的休闲、娱乐、购物及交往的人工照明环境。高质量的城市夜景观环境可以通过它的夜间照明水平来体现，但现代城市景观环境不仅仅包括高质量的城市照明体系，它更与城市居民的活动体系交融在一起（图1-33）。

城市照明对于城市景观品质的提高和城市环境的改善具有重要意义，它不仅可以美化城市、突显城市形象，促进旅游业、商业、交通运输业、服务业和照明行业的发展，还可以减少交通事故和夜间犯罪，提高人们夜间活动的安全感。

城市形象景观作为体现城市人文风格特征的象征而成为完整展现城市形象的重要组成部分，城市形象景观设计通过综合运用城市规划、建筑学、心理环境学、行为心理学、生态学等知识，展示出城市的多功能特性，创造出人与社会环境、人与生态环境可持续发展的良性循环的城市景观形象。

1.5.4　城市形象景观设计的基本原则

城市形象景观设计，是指城市的景观设计给予人们的综合印象和观感，也是城市的外在环境这一客观事物在人们头脑中的反映。我们通过对城市环境和城市活动中各类要素及其关联的感知，形成了对城市的特定的共识，这就是城市形象的产生过程。城市形象设计主要是通过对各类城市要素进行有机组织，从而对人们的感知过程产生有效的诱导来实现的。城市形象景观设计必须遵照如下几条原则：

（1）整体性原则：城市形象景观设计是对整个城市景观系统各类要素的设计，设计者要从整体上考虑各类要素之间的有机联系，使其形成的城市形象成为不可分割的统一体，这样才能对城市形象景观设计的感知过程产生全面的影响。另一方面，城市形象景观设计的内容和方法同样要立足于整体性原则，这样才能建立一个丰满完整的城市形象。具体地说，是一个在历史上是延续的（能反映城市发展的过程），在空间上是有序的（各分区城市形象要素之间的有机联系），在结构上是合理的（各种城市形象要素之间的相互协调）城市形象。

（2）个性化原则：城市形象景观设计必须注意发掘城市个性，即地方特色。只有充分表现个性的城市形象，才能给人们留下深刻印象，从而产生认同感。这就要求城市形象景观设计能反映较深刻的文化内涵，使每个城市不仅与不同地带的其他城市有所区别，而且能够强调出与周围城市的差异。

（3）多样性原则：多样性有两个方面的含义，一方面是表现不同城市个性的各种城市形象，构成了城市形象的多样性；另一方面是由于城市是一个复杂的系统，构成城市的要求也是多种多样的，因此城市形象景观设计的内容也有多种多样的表达形式。例如在城市景观形象设计中，就必须以市政中心、商业街、绿化公园等景观序列构成不同的城市空间，形成丰富多彩的城市景观形象。

（4）同一性原则：尽管城市形象设计的内容丰富多样，但这些设计的基础是同一的，其象征意义也应是同一的。每一个城市的形象设计，其出发点应立足于这个特定城市本身。各种城市形象设计内容都应以全面反映这一城市的个性，体现这一城市的文化内涵为共同目标。只有这样，才能设计出和谐、协调而富有吸引力的城市形象。

图 1-31 设计美观的城市标志

图 1-32 滨海城市的色彩设计，五彩斑斓、轻松活泼

图 1-33 夜景照明也是城市形象重要的组成元素

第2章
城市形象景观设计步骤与工作内容

城市形象是特定城市的文化的综合体现，它是由城市本身的地域环境、经济水平、生活质量、历史人文、景观、公共设施等综合因素所决定的。它从多个不同层面和多个不同角度反映了社会公众对其城市的认知印象。从一般意义上来说，城市形象是社会公众对城市"形"和"象"的感受和印象，即"公众对一个城市的整体印象、整体感知和综合评价"，反映的是城市整体的精神风貌。其内涵由硬件和软件两个部分构成，硬件包括城市布局、城市环境、建筑风格、道路交通、公共环境设施建设和历史景观等；软件包括城市历史人文文化、市民素养、风土人情、时尚价值取向和政府形象等。

2.1 城市景观形态设计

"景观形态"一词最早来源于风景形式，所以对风景形式系统的研究也就是景观形态学构想所希望解答的问题。一座城市的规划，不仅要创造良好的生活和工作环境，而且还需要具有优美的景观环境。对于城市景观形态的研究即是对城市景观形式的研究。形成现代城市景观形态的因素主要有以下三点：

2.1.1 土地的综合利用

土地的使用方式是城市景观形态设计关注的基本问题。土地决定城市空间形成的二度基面。土地使用的方式和其功能布局合理与否，影响到该城市的开发强度和交通流线组织，直接关系到城市的运行效率和城市的环境质量，同时也影响到人的心理需求。当然，

城市中的地段不同，土地利用的强度和价值也常常不同。但是从理论上说，设计应尽可能让城市用地最高合理容限的占有率保持相对不变，以充分利用城市有限的空间资源（图2-1）。

时间和空间是土地综合利用的基本变量。城市设计必须从人的社会生活、心理、生理及行为特点出发妥善处理这一问题，尽量避免和尽量减少土地在时间和空间上使用的低利用率。凯文·林奇就是其中一位把时间、空间和土地利用联系起来的学者。他认为，"一条设计有望的街道，由于涉及现存的城市，所以它应是一种对于不同的空间使用、时间及对于所需活动重新适应的探求，我们可以将这种街道设计成游憩场地，开发利用屋顶、出空的商店、废弃的建筑、不规则的用地……也可以找到新的转换形式。"特定地段中各种用途的合理交织，即要求土地使用过程中任何时刻都要有较高的利用率，这是土地综合使用要求的一个层面；另一层面，就是要求对地上、地面、地下的各

图2-1 城市土地的合理利用是美化城市形象的基础

层次空间综合开发,以充分提高土地、空间的利用率,特别是地下空间的开发已经成为城市空间的发展趋势之一。

2.1.2 自然形体要素和生态学条件的保护

土地开发使用的不当会造成对自然生态的破坏和环境的不和谐,以致破坏土地原有的格局和价值。因为土地是自然环境的载体,它们之间是相互关联的整体系统,对其要素的不当运用会导致结构失调。

自然形体和景观要素的利用常常是城市特色所在。河岸、湖泊、海湾、旷野、山谷、山丘、湿地等都可成为城市形态的构成要素,城市设计者应该很好地分析城市所处的自然地理特征并加以精心组织(图2-2、图2-3)。

历史上许多城市大都与其所在的地域特征密切结合,通过多年的发展后它们都形成了个性鲜明的城市格局,如重庆、丽江、杭州等城市的选址都是依山傍水。它们的城市建设巧妙利用了当地的基地地形,以中国传统文化作为依托,进行了富有诗意的建设,使城市在绿树青山中消隐,有机而自然。

同时,不同地理气候的差异也对城市格局和土地利用方式产生了很大的影响,如湿度相对来说比较大的东南亚地区,城市的布局一般为开敞、通透的。在设计中应组织一些夏季主导风向的空间廊道,增加有庇护的户外活动的开放空间;在中亚、非洲等温度较高的地区,为了防止风沙的猛烈吹刮和强烈的阳光照射,当地的城市建筑演变成墙壁比较密实和"外封内敞"式的城市和建筑形态布局;而寒地气候的城市,则在长期实践中采取了相对集中的城市结构和布局,这样做能避免冷风直吹,同时加强冬季的局部热岛效应,降低基础设施的运行费用。

虽然现代有许多人已经研究出这些依照环境来改造城市的理论,但在设计实践中仍常有一些显见的失误,以致破坏了土地原有的格局和价值。宾夕法尼亚州大学教授伊恩·伦诺克斯·麦克哈格曾指出,过去多数的基地规划技术都是用来征服自然的,但自然本身是许多复杂因素相互作用的平衡结果。砍伐树木、铲平山丘、将洪水排入小山沟等,不但会造成表土侵蚀、土壤冲刷、道路塌方等后果,还会对自然生态体系造成干扰。

事实上,城市化进程在一定程度上都是对大自然的破坏,改造自然、战胜自然的口号曾经伴随我们多时,然而在实践中人们日益感受到保护自然的重要。以土地为代表的自然环境是一个复杂的生命系统,为人类的生存提供包括食物、空气、水、旱涝调节等生态产品。不同的空间结构和格局,有不同的生态功能。如果我们仍然相信用技术手段去控制和改造自然生态,创造一个人工系统来满足城市发展的需要,其结果可能导

图2-2 依山而建的城市

致自然的生态服务功能全面下降，城市和国土的生态
安全发生危机。比如在中国许多城市的开发建设中，
总有人喜欢将新城建设与自然保护相对立，认为城市
的空间扩张不可避免要侵占自然，好像只有秉承 "逢
山推山，遇水填水" 的气魄，才能显示出建设现代城
市的决心和能力。这种不明智的土地利用和工程施工
使大地肌体的结构和功能受到摧残、大地景观被破碎、
自然水系遭破坏、生物栖息地和迁徙廊道尽丧失，继
而诱发空气污染、城市内涝、热岛效应、千城一面等
"城市病"，这些都是不尊重自然带来的危险后果（图
2-4 ~ 图 2-6）。

　　随着全球建设低碳城市共识逐渐深入人心，城市
开发建设应尽可能不破坏自然环境。近年基于国家可
持续发展基本国策，科学技术部、住房和城乡建设部
通过课题设置、政策和评估标准制定等措施，有效地
推动了绿色建筑的探索和实践应用。中科院低碳城市
中心就以 "环境调和、环境利用、环境保护" 为前提，
提出并研究示范新城建设的新模式单元城市，已取得
初步的经济效益、社会效益和环境效益。单元城市是
顺应自然，以农田、山体、河流为依托，由不同功能
的城市单元组成的分布式多中心的智慧低碳城市。单
元城市的核心理念就是对自然的尊重和利用，勾勒城
市与自然有机融合的美好画面，采用智慧化、低碳化
手段以期实现城市的永续发展。与传统的城市发展模
式相比，单元城市在空间、交通、能源消耗、水资源消耗、
生态环境、垃圾产生等方面都有明显的优势。在注册
建筑师的培训中，连续多年都设置了建筑设计绿色环
保的内容，近几年也在深圳、上海、北京等城市建造
了不少国家认证的绿色建筑。

2.1.3　基础设施

　　城市基础设施是城市生存和发展所必须具备的工
程性基础设施和社会性基础设施的总称，是城市中为
顺利进行各种经济活动和其他社会活动而建设的总称。
狭义的工程性城市基础设施概念一般是指能源系统、
给水排水系统、交通系统、通信系统、环境系统、防
灾系统等工程设施；广义的城市基础设施概念还包括
公路、铁路及社会型基础设施如商业服务业、行政管理、
文化教育等。城市基础设施建设与城市发展的均衡协
调是保证城市科学发展、可持续发展的前提。这种均
衡协调包括基础设施与城市规模、空间和功能的均衡，

图 2-3　傍水而建的城市

图 2-4　快速城市化导致的空气污染

图 2-5　城市内涝

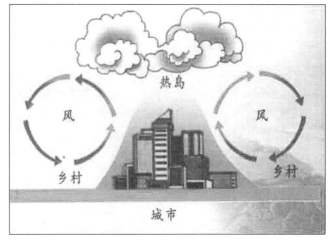

图 2-6　热岛效应形成图示

与城市发展阶段和城市外部环境的均衡，城市基础设施系统本身以及各子系统的完整性和有效性，各个子系统之间的均衡和协调等。基础设施是建设城市物质文明和精神文明的重要保证，又是城市社会经济发展和环境改善的基础，是持续地保障城市可持续发展的一个关键性设施。其发展应与城市整体的发展相互协调、相辅相成（图2-7～图2-9）。

例如在澳洲，澳大利亚和新西兰政府都十分重视城市基础设施建设，并且在几年的建设后，整体基础设施和公共服务已经实现标准化、规范化。比如，移动电话的发射基站都统一建设成为树状的景观雕塑；城市的汽车道和人行道的差距高度基本统一；所有行人道横过汽车道路口都要设无障碍通道口，一切公共场所都有轮椅的使用坡道，连悉尼奥运会主场馆的贵宾观礼台都设置有为数不少的残疾人专用座椅席；所有两层以上的购物商场、停车场都配有升降电梯；垃圾分类收取，机械化处理，居民每周一次将标准统一的垃圾桶推到家门口的车道旁，由市政管理部门的大型先进的垃圾车挨家逐户，使用机械化操作统一运到垃圾场处理；道路的维修和清扫亦由市政部门派人进行等。

近年来，中国城市基础设施的现代化程度显著提高，新技术、新手段得到大量应用，较大幅度地提高了城市基础设施的投资和建设力度，为城市的社会经济发展和环境品质的改善及提高奠定了良好的外部条件。基础设施功能日益增加，承载能力、系统性和效率都有了显著的进步。全国各大城市也都把城市交通道路建设、地铁线路的规划和建设提到了重要的议事日程上，并已经收到了明显的成效。

城市基础设施具有投资大、建设使用周期长、维修困难等特点。总的投资效益在短期内难以得到集中反映，要通过一段相当长的时期才能表现出来，而良好的基础设施往往又是城市建设开发的重要前提，而且，城市基础设施的经济效益、社会效益、环境效益也会长期反映出来。例如，城市园林绿化等环境设施，给城市居民创造了良好的生活环境和活动场所，使居民身心得到健康发展；城市防灾设施的健全，可使城市能稳定安全地运转，这些效益是深远的、长期的。

基础设施的概念在现代又有了新的认识和发展，我国城市基础设施除了交通、能源、饮水、通信等的供给外，已经扩展到环境保护、生命支持、信息网络

图2-7 缺少个性的公园空间在任何城市都能见到

图2-8 城市的基础设施：公共交通

图2-9 城市的基础设施：水循环系统

等新的领域：一是城市信息网络设施建设日益受到重视，数字化建设成为城市建设新宠，信息网络构成城市发展的基础性条件；二是防灾减灾、处置突发事件的能力建设受到重视；三是基础设施构成明显变化，除增加信息网络、城市应急设施和备用设施外，环境保护设施和电力、天然气等洁净能源建设份额明显加大，原有设施的改造、升级和换代成为重要建设内容。

在城市景观设计范畴中，城市中那些对保持水及空气的清洁和废物循环等自然过程具有重要作用的元素，如公园、郊野用地、河流廊道、公共设施廊道以及空置用地等，可以被看作是城市的绿色基础设施。这些绿色基础设施因其自然系统的属性既维护了城市环境的生态学品质，同时也具有游憩、审美的功能和价值。在国外，绿色基础设施的概念早已经被提出，绿色基础设施的理念提供了清晰的思路：跨越行政地缘界线，将城市、郊区、荒野自然连贯起来，创建一个和谐、城乡一体化的绿色框架网络。

城乡一体绿色框架网络，是城市生态安全的关键构成，为城市提供完整的生态系统服务的保障。具体来说，包括水源涵养、雨洪水管理、提供生物栖息地、缓解热岛效应、休闲游憩等。其核心是维持自然的生态过程，维护区域整体山水格局和大地机体的连续性和完整性，保护空气和水资源，使之有利于健康高质量的生活。

建设城乡一体绿色框架网络，要以绿色基础设施的理念为指导，优先规划和推进城乡一体绿化，并提高对自然生态系统的管理，从区域环境、社会和经济可持续发展的高度，构建城乡连续的乡土生境保护网络，最终达到城市生态环境改善的目的（图 2-10）。

2.2 城市形象景观设计的基础研究

城市形象景观设计基础研究属于认知阶段，是景观设计的基础，它是指对基地及周边环境的自然与人文要素的认知。基础研究包括搜集基地的基础资料，基地实际考察与现状调研，了解政府及各职能部门、开发商、专家及公众的意向和意见，分析基地发展的优势和限制因素，分析评价设计现状特征，以及相关案例调研与考察等环节。

2.2.1 搜集基础资料与现状调研

基础资料包括文字资料和图纸资料。对基础资料

图 2-10　绿色廊道是现代城市绿色基础设施组成的一部分

的搜集是城市景观设计认知阶段的重要环节，具体方法通常是通过走访政府相关职能部门及当地居民来获取基础资料。

（1）自然条件资料包括以下内容：

① 地理位置、设计区域周边环境及基地面积；

② 气候、气象条件：包括温度、湿度、风向、风速及频率、降雨量、日照、冰冻及小气候等；

③ 地形地貌：包括大区域的地形地貌与设计基地的地形地貌条件；

④ 地质：包括工程地质、地震地质和水文地质条件，即地质构造、地面土层物理状况、地基承载力、滑坡、崩塌、断裂带的分布与活动情况、地震强度区划及地下水的存在形式、储量、水质、开采与补给条件等；

⑤ 水文：包括水系的流量或储量、流速或潮汐、常年水位、洪水和枯水位线、流域情况、河道整治规划、现有防洪设施、山洪及泥石流等；

⑥ 土壤：包括土壤的构成、物理特性、化学特性及 pH 值等；

⑦ 动植物：包括动植物种类、植被类型、乡土树

种、当地园林树种及生物链等。

(2) 历史文化资料：包括城市历史发展沿革、城址的变迁、历史文物、地域内的重要历史人物、重大历史事件等；同时还包括当地的文学艺术、民风民俗、历史古迹等。

(3) 经济资料：包括该城市经济总量历年变化的情况、GDP状况、财政收入、固定资产投资、产业结构及产业构成、城市优势产业、城市各部门经济情况、城市土地经营及城市建设资金筹措安排等。

(4) 道路交通资料：包括城市道路网结构、交通枢纽及设施、客货运场地、交通流量、公共交通、基地居民出行规律调查、道路红线宽度及断面形式等。

(5) 城市环境资料：包括城市相关规划资料、市政设施资料与城市人口统计、人口构成资料等。

图形资料包括基地所在区域的城市总体规划、分区规划、控制性详细规划及其他转向规划等图形文件，基地的区位图、周边区域的现状地形图、反映基地及周边区域的图片（包括航拍图、历史图片和现状图片）及城市重要地标景观节点的相关图片等。

2.2.2 基地考察与现状调研

在搜集基础资料的同时，应实际考察规划场地并进行现状调研。基地考察与现状调研的内容主要包括（图2-11）：

(1) 自然景观要素的考察：了解设计基地所在区域的天象、气候气象、地质地貌、水体与生物等要素特征。

(2) 人文景观要素的考察：主要包括物质与非物质景观要素。具体而言，包括以下几个方面：

① 物质景观要素的考察：包括服饰与饮食的考察、城市与历史场所的考察、道路交通的考察、公共

服务与市政设施的考察、绿化与水域的考察等；

② 非物质景观要素的考察：主要是考察基地所在区域的制度文化、行为与心理文化和文学艺术等景观要素。

2.2.3 了解利益相关者的意向与意见

(1) 政府及相关职能部门：政府与相关管理部门是所管辖区域的管理者。它们制定区域社会经济发展计划，熟悉区域现状及发展状况。它们有全局观点，对区域发展建设有意向，并能提出对基地设计有益的建议，是景观设计需要参考的重要因素之一。

(2) 开发商：通常开发商是设计项目的委托方，他是项目的直接利益相关者。所以，他们的目的在于经济效益或产生影响的广告效应，有明确的自我观点的开发意向。他们的意见会影响到基地景观设计的全过程，乃至成为设计项目能否实施的关键要素，同样是基地景观设计的重要参考因素之一。

(3) 专家：专家通常在某个领域具有技术专长，他们从专业技术角度，客观地对设计提出可能存在的技术问题及解决途径，是设计项目质量及实施的技术保障。

(4) 公众：公众是设计项目实施后的直接使用者或是广大的利益相关者，它们也会从自我角度考虑并提出相关问题。城市景观设计应充分考虑维护公众利益，满足公众的基本需求是设计项目实施的根本目的（图2-12）。

2.2.4 分析发展优势与限制因素

(1) 发展优势：结合搜集基础资料、基地现场勘查和现状调研，在基地所在区域乃至更大的范围，从

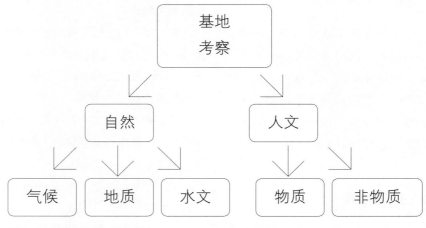

图2-11 现状调研要素图示

自然环境的资源要素到人文环境的历史背景、社会政治、经济与文化要素等方面分析设计项目发展的优势，趋利避害，以引导项目合理开发建设。

（2）自然与社会环境的限制：基地所在区域的自然地理条件、社会经济与文化发展水平以及城市发展状况等是影响项目设计及建设实施的重要因素。在设计中必须考虑这些限制因素，因地制宜，避免盲目和过度开发。

（3）高层次规划要求：基地所在区域的城市总体规划、分区规划或控制性详细规划都会对基地的设计提出规划要求，通常包括功能定位、建筑红线退让、绿地率、容积率、建筑限高、城市设计指引及其他相关要求。

（4）工程技术的限制：工程技术条件包括相关专业的转向设计技术规范，以及施工机械、施工技术与建材等方面的限制。

（5）资金的限制：资金是设计项目实施的重要保障。开发建设资金会限制项目建设规模、所能采用的施工技术和材料以及建设计划等。

2.2.5　分析评价场地现状特征（图 2-13）

在掌握场地现状基础资料、现场勘查和调研的基础上，需要对场地现状进行进一步综合分析与评价，包括对场地的自然环境与人文环境的综合评价，以及对场地的自然与人文景观要素的景观评价。

（1）综合评价：综合评价是对场地所在区域的自然环境（涉及自然地理的气候气象、地质地貌、水体与生物等）和人文环境（涉及历史背景、社会政治、经济与文化等）的综合分析。通常是从宏观、中观及微观三个层次进行综合分析与评价，以探讨影响场地设计的背景因素，从而引导设计与区域发展综合条件相协调。

（2）景观评价：景观评价是对场地所在区域的自然景观要素与人文景观要素的景观分析。它通过对利用设计场地的自然景观要素及挖掘人文景观要素的景观评价，建构景观设计的基本框架，提炼出重要的景观要素，强化场地的景观特征，达到场地景观设计的最佳效果。

2.2.6　相关案例调研与考察

在基础研究阶段的相关案例调研与考察环节是景

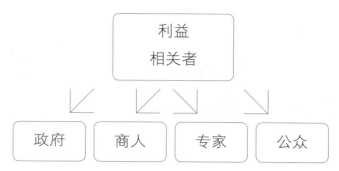

图 2-12　利益相关者图示

观设计不可缺少的。通常在完成现状调研，综合分析与评价，以及明确场地的使用功能与初步确定设计主题后，应考察相关主题设计案例的使用状况和景观效果，同时搜集相关景观设计素材，其考察内容包括案例或素材的文字和图纸资料，如景观案例设计成果、现场拍摄的影像及评价文章等。

2.3　城市形象景观设计的设计方法

2.3.1　明确设计目标与设计主题（图 2-14）

（1）设计目标是指场地景观设计在功能和景观等方面所要达到的效果的目标，或是基地景观设计的时间期限目标。场地使用功能和景观定位的目标涵盖较广，见仁见智，常无定式；而在时间期限方面，目标一般分近期、中期、远期，即分期进行目标确定。通常的景观设计目标多指场地景观效果的终极目标。

确定一个适当合理的设计目标是构筑良好城市景观的前提。确定设计目标时要考虑自然、社会、经济、文化等条件，充分利用区域自然环境，结合城市经济发展与城市文化水平等，并根据实施年限（时间）来确立适宜的设计目标，使得场地景观特征在一定时间内能够达到预定目标。

如果目标定得过高，而城市经济、文化水平滞后，那么，设计目的很难达到，设计成为理想的乌托邦，难以实现。反之如果目标较低，城市经济、文化水平较高，将会使得城市景观无特征，成为匠气十足、品位平庸的城市景观。所以，确定的设计目标应是一个既符合实际的、又能满足人们需求和可以达到的目标。

（2）确定设计主题：设计主题是指在对基地现状综合与景观评价的基础上，协调场地所在区域相关的背景因素，以及提炼其景观要素，尤其是能反映地域自然与人文特征的景观要素。只有在提炼出重要景观

现状分析

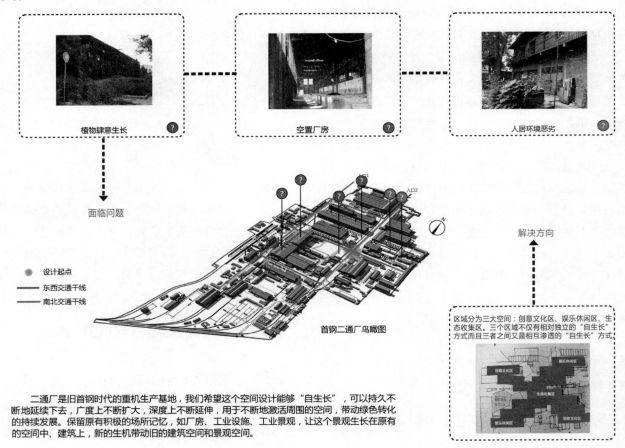

图 2-13 某城市形象景观设计案例前期地块现状分析示意

二通厂是旧首钢时代的重机生产基地，我们希望这个空间设计能够"自生长"，可以持久不断地延续下去，广度上不断扩大，深度上不断延伸，用于不断地激活周围的空间，带动绿色转化的持续发展。保留原有积极的场所记忆，如厂房、工业设施、工业景观，让这个景观生长在原有的空间中、建筑上，新的生机带动旧的建筑空间和景观空间。

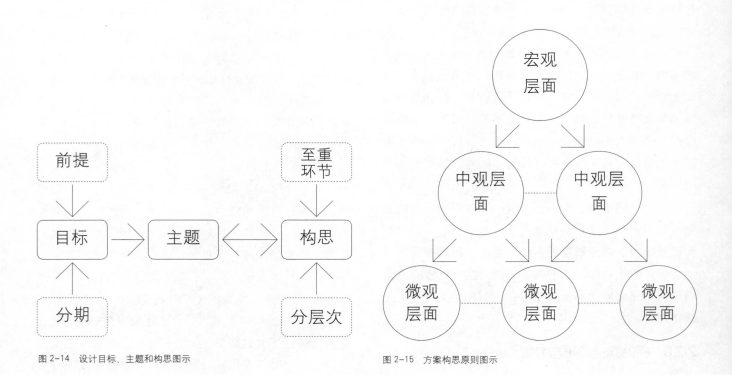

图 2-14 设计目标、主题和构思图示　　　　图 2-15 方案构思原则图示

要素的基础上，才能发挥创造性思维，归纳概括出设计主题。确定设计主题是明确设计基地突出表现什么，通常是设计师对场地景观设计特征的概括或冠名。

　　设计主题的确定通常从不同层面去提炼突出，如从场地的自然生态、历史、功能、社会政治、科技及文化等多层面综合分析，这是场地景观设计构思的主线，即根据目标要求，围绕突出设计主题进行方案构思。在景观设计全过程始终围绕主题展开，使景观设计主题特征在多种设计要素的烘托下，显得更加突出。

　　主题是场地景观设计的灵魂，是景观设计的抽象概括与特征提炼，是景观设计突出的重点，是方案设计构思的主轴线。在景观设计过程中，任何设计要素均应围绕主题循序渐进，逐步展开，最终达到突出主题的目的。

　　（3）设计构思是指设计者在对场地现状调研、分析与评价的基础上，根据设计目标，围绕设计主题而进行的一系列设计思维活动。通常它应遵循相应的设计思路。方案构思的重要性表现在它的优劣，将直接影响到方案设计的效果好坏。主题与设计构思是相互协调、相辅相成的。设计者可以拟订设计主题，构思设计方案，或根据构思方案概括抽象出设计主题，这要求设计者应具备良好的专业素质和广博的知识。

2.3.2　方案设计

　　（1）方案构思的三层次原则（图 2-15）

　　通常我们在对场地进行设计方案构思时，应该围绕设计主题，从不同角度进行宏观、中观和微观三个层面的设计分析。宏观层面是指在对场地周边环境分析的前提下，构思场地设计区域的整体结构框架，相当于场地的结构；中观层面是指设计场地内的若干次级分区，在中观层面，我们应对次级分区进行结构构思，相当于建构场地次分区的结构；微观层面是指场地次级分区内的再分区，以及对再分区进行结构构思，相当于建构再分区的结构。三层次法则可在景观设计的用地功能结构、道路结构、生态绿地系统及景观结构等专项设计构思时采用，是梳理设计思路与方案构思的有效方法，它使设计者，特别是初级设计者能够将设计层次区分开并清楚不同层面的设计重点，最终能提出主题突出的设计构思与方案。宏观、中观和微观是相对的三个层次，它可以对任何设计区域从空间范围或等级进行划分。

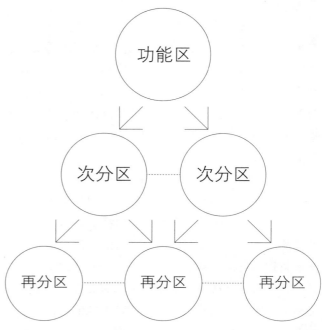

图 2-16　功能结构分析图示

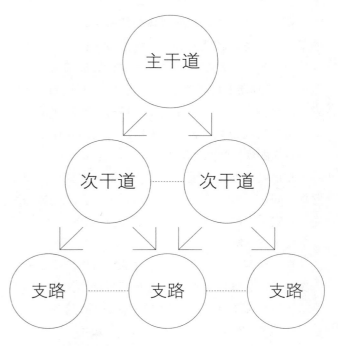

图 2-17　道路交通分析图示

（2）功能结构设计分析（图 2-16）

任何设计场地的区域都具有某种用地使用功能，如居住、商业、工业或游憩等功能。功能结构划分的目的在于理顺区域内部用地布局与组织结构，是景观结构设计的依据。城市功能结构设计可以从以下两方面入手：一方面是进行土地使用功能布局，即功能区的划分；另一方面是用地组织结构，它包括区域内各功能区的空间组织及主要交通组织。

宏观层面的功能结构设计重点是要考虑设计区域与相邻区域之间的相互关系，包括与相邻区域之间的功能及交通联系。中观层面的功能结构设计重点是要考虑设计区域内部各次分区之间的相互关系，即各层分区的功能布局。微观层面上的功能结构设计则要考虑次分区内的各自再分区之间的相互关系，即各再分区的功能布局。

（3）道路交通设计分析（图 2-17）

这指的是根据设计区域的地形地貌与功能结构，布置设计区域的道路交通系统，包括道路网结构及交通设施的布局。道路系统的设计应满足区域交通、游览和管理三方面的要求：第一，交通方面的要求，一方面要考虑设计区域与区域周边的道路衔接，即方便区域与外围的交通联系，提高设计区域的可达性；另一方面要完善设计区域内部道路网系统，以满足区域内部交通联系。第二，游览方面的要求，要考虑有利于游览观光者的游览与景观活动及其规律，以道路网结合自然要素布置区域的游览线路。第三，管理方面的要求，要考虑区域内施工、维修与设施的维护等工程材料的运输、日常商业服务等设施的货物与商品的运输、日常保洁及垃圾的运输、日常的行政与治安管理，紧急时消防与急救的通道，以及紧急时避灾避险的疏散通道等交通组织。在此方面的交通组织要避免干扰平时游人的观光游览活动。

交通设施要结合设计区域的主要与次要出入口布置停车场等。利用三层次法则布置设计区域的道路系统，从宏观、中观和微观三个层面进行（图 2-18）。

① 宏观层面

在宏观层面要结合设计区域的地形地貌确定道路系统结构，处理好游览道路与车行道路的关系，以及游览步行系统与游览车行系统的关系；明确道路等级、使用功能与道路红线宽度等；确定区域主、次要出入口的位置及停车场的数量与位置等。

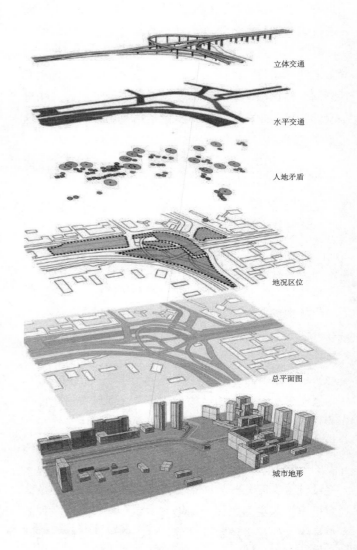

问题：人为灾难——城市化——立交桥——人的消失
性质：修复性景观
主题：激活
方法：创造一种机制和循环措施

analysis
分析

立体交通

水平交通

人地矛盾

地况区位

总平面图

城市地形

图 2-18 某城市形象景观设计案例前期区域交通分析示意图

首先需要确定区域道路系统结构中的主干道网络式布局形式，协调人流与车流的关系，避免互相干扰。此外，要明确主干道的使用功能，主干道的道路红线宽度与道路断面形式。主干道是设计区域的主体，它承担着区域内各次分区的交通联系，以及通过出入口外围地区的交通联系，是设计区域内重要的景观节点组织和道路系统布置的关键。

其次是出入口设置。设计区域出入口的位置是根据区域周边的道路系统与其用地的空间形态确定的。出入口的布置一方面要利于设计区域的可达性，另一方面要利于区域的管理。

最后是停车场布置。停车场布置通常是结合区域的出入口进行布置，布置时要组织好人流与车流线路，避免两者的相互干扰，满足人们舒适的游览观光活动。

② 中观层面

在中观层面，需要根据设计区域道路结构系统的布局，组织设计区域的次干道的路网结构，并协调次分区与主干道的道路联系及其与次要景观节点的联系，设计次干道的道路红线宽度与道路断面形式。

③ 微观层面

在微观层面，需要根据次分区道路网系统，组织再分区的支路网的小径，设计道路绿化与道路铺装等。

（4）景观结构设计分析

设计区域可能已经存在某些对景观构建有利的因素或限制因素，如设计区域周边道路、与其他区域的关系及设计区域的地形地貌特征等。设计区域内部的景观结构设计，首先要考虑上述因素的影响，然后根据设计区域的功能结构设计，进行景观结构设计，即对景观区、景观轴及景观节点进行设计。

① 景观区的划分（图 2-19）

景观区划分有别于功能区划分。它是从自然景观和人文景观特征的视角出发，根据设计区域的功能区划分、各次分区的等级、生态及游览活动等特点划分出多个景观特征区。景观区按分区使用功能的差异，可分为居住景观区、商业景观区及工业景观区等。多数景观区特征是功能特性的表现，即景观特征与功能特征的合一；按景观区的地位和影响范围的等级，可分为重要景观区、次要景观区和一般景观区；按照景观区的植物配置特征，可分为密林与疏林等景观区；按照景观区的地形地貌特征，可分为滨水与山地等景观区；按分区内布置活动类型，可分为动区和静区；另外，还可以按分区形成的历史、居民民族类型及主要色彩色调等多方面进行划分。

设计区域的景观区划分利用三层次法则，从宏观的景观区、中观的次级景观区和微观的再划分的景观地带等三个层面进行。景观区的设计核心问题是强化与突出设计区域的景观特征，例如在商业街区的景观设计中，就要组织利用商业店面、招牌、橱窗、广告牌甚至商品陈列、游人及交通工具等要素来强化商业区繁华的景观特征。

图 2-19　景观区划分图示

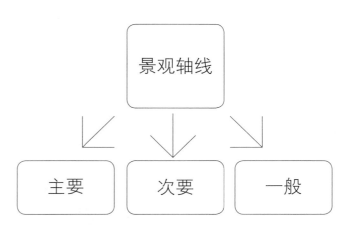

图 2-20　景观轴线划分图示

② 布置景观轴线（图 2-20）

景观轴线是设计区域内若干景观要素集中有序线性排列的带状空间，通常它是由若干个景观节点构成。它的空间构成并非是固定模式，可能是区域内的一条中轴线（如北京城中轴线），或是区域内的一条林荫大道；可能是可望而不可及的视觉通廊，或是人们可置身并游览的空间通廊。合理组织各景观节点，构成空间上的视觉次序的景观轴线是区域景观设计的关键。

利用三层次法则布置设计区域的景观轴，应当从宏观的主要景观轴、中观的次要景观轴与微观的一般景观轴等三个层面进行。

主要景观轴：由若干个重要或次要景观节点呈带状有序排列构成，是景观区内的重要景观结构。它突出了表现区的景观特征，以及反映景观区的线性空间序列。

次要景观轴：由若干个次要或一般景观节点呈带状有序排列构成，是景观区内的次要景观结构。它呼应主要景观轴以表现设计区的景观特征。

一般景观轴：由若干个一般景观节点呈带状有序排列。它映衬次要景观轴，但它是景观设计中不可缺少的一部分。

③ 景观节点的布置（图 2-21）

景观节点是区域景观设计的基本要素，是反映区域特征的标识或地标。利用三层次法则布置设计景观节点，应当从宏观的重要景观节点、中观的次要景观节点与微观的一般景观节点等三个层面进行。不同等级的景观节点在设计区域内的地位存在差异，对所在设计区域整体的影响作用不同，布置要求亦存在差异。

主要景观节点：它是表现区域的设计主题及设计区域景观特征的重要景观要素。在宏观层次上确定设计区域的主要景观节点或地标，是为了突出区域景观特征。通常在设计区域中主要景观区域或重心位置布置主要景观节点。在城市景观设计中，首先要结合设计主题确定设计区域的标志性景观（地标），布置好观景人的观赏地点与景观的主视面，创造良好的视域条件，以突出主要景观节点（地标）形象特征。

次要景观节点：在中观层次，确定设计区域的次要景观节点，即次分区的主要景观节点。次要景观节点通常布置在设计区域次分区的重心位置。设计区域中的若干次要景观起到烘托设计区域重要景观节点（地标）的作用，是设计区域的次要景观要素，但应是所在次区域的主要景观标志，它反映其次要区域的景观特征。

一般景观节点：在微观层次确定设计区域的一般景观节点。一般景观节点布置在设计区域的再分区域内，烘托所在功能区内的重要景观节点，即设计区域的次要景观节点。

（5）绿化与植物设计分析

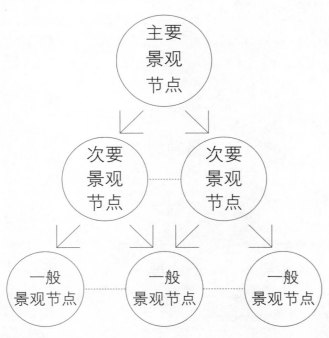

图 2-21　景观节点划分图示

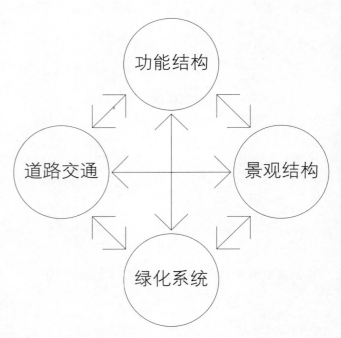

图 2-22　设计阶段间的关系图示

依据设计区域的功能结构、道路交通与景观结构的设计，根据三层次法则，从宏观、中观与微观等三个层面进行设计区域的绿化与植物设计。

根据设计区域的地形地貌、功能分区、景观分区与生态群落进行绿化或植物分区。宏观层面上的设计，在区域内划分各植物特征区，同时设计区域主干道路网的道路绿化。在中观层面，是指规划植物的再分区与次干道的道路绿化。而在微观层面上则是指植物群落的培植。

植物分区方法有：根据绿化密度差异可分为密林区与疏林区等；根据主要植物种类可划分为松树林与桦树林等；根据主要植被类型可分为乔木林、灌木林、草坪等。

在城市景观设计的方案设计阶段，从功能结构、道路交通、景观结构到绿化系统分析等各主要环节并非是简单的单向递进设计关系，而是相互联系相互影响的双向反馈设计关系（图 2-22）。所以在这一阶段的设计分析中，要始终根据各主要环节调整的反馈进行动态的设计平衡。

景观设计方案完成后，需要听取开发商及公众等各方面的评价和意见，以及组织政府相关部门和专业综合的政策与技术评审，并根据各方面的意见，对设计方案进行调整、修改与完善，最终形成切实可行的城市景观设计成果。

2.4　城市形象景观设计成果

城市景观设计一般由文字、图纸、模型或展板及音像文件四部分组成，文字及图纸是景观设计成果的主要文件，是设计项目成果必不可少的组成部分。模型、展板及音像文件是直接表现景观设计的辅助形式，一般用于设计成果的汇报或展示，可根据项目的需要来制作。

2.4.1　文字文件

文字文件主要包括景观设计说明书和根据项目要求而做的相关研究报告。说明书主要阐述关于设计区域的基础研究，对区域现状进行综合评价分析，明确设计目标、设计主题与构思，方案设计阶段的功能结构、道路交通、景观结构与绿化系统等环节的设计分析，以及设计成果的说明。它是城市景观设计的重要文件。根据设计项目的特殊需要，有时可以进行有针对性的

相关专题研究，并提出研究报告，为区域景观设计提供参考。

2.4.2　图纸文件

图纸是城市景观设计中的图形文件，它与文字文件一起共同构成了景观设计成果的主体文件。图形文件包括反映区域的区位图、现状图、现代综合评价图、景观设计的功能结构、道路交通、景观结构及绿化与植物等设计分析图，景观设计的总平面图、道路、公共服务设施及植物配置等分项设计图。设计图需要按特定的比例绘制。

2.4.3　模型或展板

通常模型或展板会在设计成果汇报或展示时使用。按照一定比例制作的模型可以直观地表现设计区域的空间效果，可根据需要设计制作成果的整体模型或局部模型。整体模型反映设计范围内各空间的道路、广场、绿化与建筑环境的关系，局部模型反映出空间要素的材料与空间尺度等。

展板方便设计成果的展示，内容包括设计成果图纸，以及反映设计构思过程的若干分析图。结合简要的文字说明，展板全面展示了设计的现状分析、方案构思及成果。

2.4.4　音像等多媒体文件

音像等多媒体文件是通过声音和图像直观且动态地展示设计成果的文件形式。三维动画演示更是直观生动地虚拟设计景观的效果。多媒体演讲时间通常为 10 ~ 20 分钟，能给人身临其境的感受（图 2-23 ~ 图 2-25）。

图 2-23　某城市中心区规划软件建模

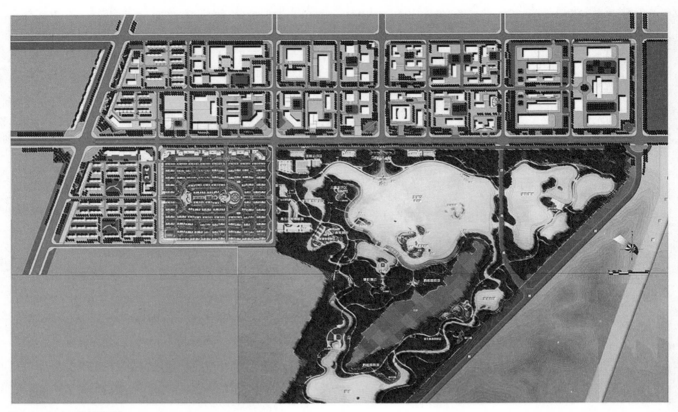

图 2-24　某小区规划平面图

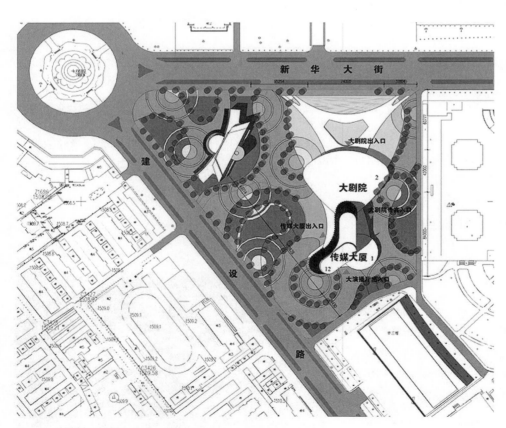

图 2-25　某剧院规划平面图

第3章
城市形象景观的空间基础系统

3.1 建筑形态及其组合

3.1.1 建筑形态与城市空间

3.1.1.1 城市空间环境中建筑形态的特征

建筑是组成城市空间最主要的因素之一（图3-1）。城市中建筑物的体量、尺度、比例、空间、功能、造型、材料、用色等对城市空间环境具有极其重要的影响。广义的建筑还应包括桥梁、水塔、护堤、电视通讯塔乃至烟囱等构筑物。建筑师在设计建筑物时，往往只注重自己地块内建筑的造型，很少顾及左邻右舍，更少顾及单体建筑和整个城市空间形态的协调。城市景观设计虽然并不直接设计建筑物，但却在一定程度上决定了建筑形态的组合、结构方式和城市外部空间的优劣，尤其是就视觉这一基本感知途径而言。城市设计直接影响着人们对城市环境的评价。从整体空间形态来看，有必要对它们进行适当规范。城市空间环境中的建筑形态至少具有以下特征：

(1) 建筑形态与气候、日照、风向、地形地貌、开放空间具有密切的关系。

(2) 建筑形态具有支持城市运转的功能。

(3) 建筑形态具有表达特定环境和历史文化特点的美学涵义（图3-2）。

(4) 建筑形态与人们的社会和生活活动行为相关。

(5) 建筑形态与环境一样，具有文化的延续性和空间关系的相对稳定性。

3.1.1.2 建筑形态的设计原则

通常，建筑只有组成一个有机的群体时才能对城市环境做出贡献。弗利德瑞克·吉伯德曾经指出："完

图 3-1　建筑是组成城市空间最主要的因素之一

图 3-2　建筑表达特定的历史和美学含义

美的建筑物对创造美的环境是非常重要的，建筑师必须认识到他设计的建筑形式对邻近的建筑形式的影响。"我们必须强调，城市设计最基本的特征是将不同的物体联合，使之成为一个新的设计，设计者不仅必须考虑物体本身的设计，而且要考虑一个物体与其他物体之间的关系，"即为"整体大于局部"。

因此，建筑形态总的设计原则大致有以下几点：

（1）整体性：整体意味着统一。建筑设计及其相关空间环境的形成，不但在于成就自身的完整性，而且在于其是否能对所在地段产生积极的环境影响；注重建筑物形成与相邻建筑物之间的关系，基地的内外空间、交通流线、人流活动和城市景观等，均应与特定的地段环境文脉相协调；建筑设计不应唯我独尊，而是应与周边的环境或街景一起，共同形成整体的环境特色（图3-3）。

城市形态在环境中，一般是通过城市天际轮廓线来分析是否具有整体性。轮廓线指围合公共空间的建筑实体顶部形成的一种图案，它对于公共空间形象认知具有重要的意义。当观看距离超过人眼辨认的视力范围（一般为250米）时，围合公共空间的建筑实体与更远的建筑融合在一起，构成以天空为背景的图形——天际线。丰富协调的天际线可以塑造独特的城市景观（图3-4）。

（2）连续性：表面的连续性是指公共空间的实体表面的连续性。根据人的视觉认知特性，连续的表面对人快速、准确地感知空间的现状、尺度等形态特征作用显著。公共空间的表面不是一个严格的平面，而是一个边界区域。一些建筑实体后退形成一定变化的表面，在太阳光线照射下产生丰富的阴影会强化界面的作用和存在。连续的表面也不是实体表面完全地联系在一起，而是在视觉上具有连续性。

（3）协调性：视觉层次的建筑是限定公共空间的最重要和最突出的实体要素。视觉上的建筑形态（形式、风格、色彩等）对公共空间形态有着关键的影响。协调主要是指界定空间的建筑形态的视觉层次协调，主要涉及建筑的顶部、中部和底部的立面造型在视觉上的协调。一般而言，建筑顶部、开窗在形状上的相似性，立面材料、色彩上的相近，建筑高度的一致性是建筑视觉层次协调的重要保障。据此，需要对公共空间的建筑高度、材料、色彩等立面形态进行规划控制。附属在建筑上的广告牌等标识物是另一个影响建筑视

图3-3　建筑区域的整体性，现代城与老城的分隔

图3-4　现代城市的天际线被重新设计

图3-5　现代城市建筑的连续性和协调性表现在玻璃幕墙对天空颜色的反射

图3-6　新时代城市的比例尺度已经今非昔比

觉协调的实体因素，对此需要对广告牌、建筑标识设置进行必要的控制（图 3-5）。

　　（4）比例和尺度：比例在建筑艺术中的重要性已被一致承认，并成为建筑造型研究的重要内容。建筑艺术中的比例问题主要涉及建筑立面造型元素之间（部分涉及建筑的体量）的尺寸关系（图 3-6）。

　　尺度也是建筑学和城市规划的传统研究内容。对于城市公共空间，尺度的重要意义在于人们能够借此简易、自然和本能地判断出尺寸，以满足人们从定位到做出决策等方面的基本需要。人体自身作为空间尺度，有两种不同的单位：一是以具体使用为目的的"身体尺度"，二是以视觉认知为目的的"视觉空间尺度"。前者要求供人们使用的物体尺寸符合身体机能特征，后者要求空间尺寸符合人们的视觉认知规律。因此，尺度实际上是人与空间以及空间里的实体三者之间相互交叉的尺寸关系（图 3-7）。

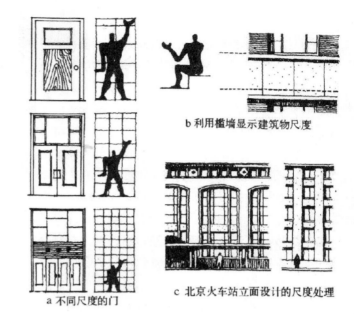

b 利用檐墙显示建筑物尺度

c 北京火车站立面设计的尺度处理

a 不同尺度的门

图 3-7　比例和尺度

3.1.2　城市设计对建筑形态及其组合的控制和引导

　　从管理和控制方面看，城市设计考虑建筑形态和组合的整体性，乃是从一套弹性驾驭城市开发建设的导则和空间艺术要求入手进行的。导则的具体内容包括建筑体量、高度、容积率、外观、色彩、沿街后退、风格、材料质感等，是为城市设计实施建立的一种技术性控制框架。它是将城市设计的构想和意图用文字条款的形式抽象化。一般来说，对建筑形态的控制主要在以下几点：

图 3-8　经过高度控制的城市案例，传统与现代的结合

图 3-9　对建筑高度的失控造成了锯齿状的天际线

（1）尺度

不同高度的建筑物与城市自然景观一起构成了城市的形态，建筑的高度对城市形态有着最直接的影响。建筑物的突起打破了天与地的交接，形成了人工物与自然物交相辉映的景象。多数城市体形的水平尺度都会远大于垂直尺度，因此建筑物的高度是决定城市体形尺度大小的最直接因素。在一些较多自然景观的城市中建筑的高度一般受到限制，较为低矮的建筑物与大地的结合更为紧密，视觉上比较亲切。高大的建筑物是现代城市建设发展的标志，如美国纽约的曼哈顿、香港的维多利亚湾及上海的金融贸易区等。在城市形态中，这些高度突出的建筑通常称为视觉上的标志，因此新建的高层建筑都景象攀升，期望成为人们的视觉焦点。但高度上的无限制发展可能打破原先城市建筑之间的协调，破坏已有的城市形态，并使城市的生态环境受到损害。因此，众多的城市制定了控制建筑高度的城市设计法规，以便保护城市天际线和城市体形环境。

对建筑的高度进行控制，是众多城市所采取的控制城市形态的有效手法。对视觉环境的关心已经成为高度控制的重要依据之一。将不同高度的建筑进行合理的分区布局，可以形成节奏起伏、层次丰富的城市形态。城市体形中建筑高度分区控制的原则主要有五个方面：一是与现有城市景观及地形地貌的特色相结合，通过不同高度的分区控制使体形的形象得以强化；二是将高度控制与城市形态主要观赏点相结合，使形态具有前后层次，丰富视觉感受；三是通过视线分析，根据历史保护区的范围与级别得出建筑高度控制，它满足了各个保护对象对周围环境的要求，使景区与周围环境协调统一；四是研究各个高耸建筑物之间和景点之间相互通视的要求，保证景观视廊的畅通；五是将高度分区与用地功能布局相结合，使高度分区的控制更具有经济合理性。因此，在进行城市形态设计时，要与城市整体形态的感知设计方法结合起来，根据城市形态的主要观赏点和观赏视线，以保持景观视线畅通为前提，来确定建筑的高度（图3-8）。

把新建筑的高度同城市格局的重要象征和已有建筑的高度、特征联系起来，对建筑物的高度进行合理限制，可以防止建筑高度的盲目攀升，以保持城市形态的完美。而在有些情况下，为调节城市形态的整体效果，也会鼓励某些位置的建筑升高。例如，当城市

中某栋建筑的高度过高时，可以适当增高周围区域建筑的高度，来削弱它对城市视觉环境的不良影响。但考虑到地块的大小、规划开发区域的密度，低层建筑区域的规模，街道宽度以及对较低高度建筑区域的影响分析包括日照和天空曝光等因素在内，并不是所有的基地都适合高层次建筑（图3-9）。

（2）建筑形体和体量。

建筑是构成城市形态最重要的实体因素，它的形体和体量对城市形态有很大的影响。建筑体量是一座建筑与周围环境相比较所占空间的大小，一座建筑往往因为体量过大而阻断了临近的景观，成为城市形态和邻里环境中一个不协调因素。大体量的建筑可以引起视觉的注意，但体量过大或者与周围建筑不相协调，则会造成对城市原有形态的破坏，并形成视觉上的压抑感。由于某栋建筑形态的特殊，也可以使原本缺少识别性的城市形态变得让人难忘。所以设计中仅仅有高度控制是不够的，还应该对建筑的水平尺度进行控制。建筑体量主要由两个因素决定：外墙表面面积和它高出周围环境的程度。当建筑超过本地区现有建筑主导高度和主导水平尺度，然后到达极端庞大的体量时，将会压倒其他建筑、开敞空间和天然地形，并阻断景观，破坏城市的特征，因此必须对城市的每一个地区超过现有建筑主导高度的新的建设工程，制定一个可容许的最大水平尺度，以避免体量极端庞大（图

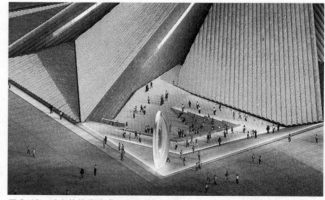

图3-10 过大的体量造成了空旷感

图3-11 庞大的体量压倒了其他建筑，场地显得愈发空旷

3-10、图 3-11）。

为了避免高层建筑体量过大，在规划设计时还必须考虑城市各个地区现有地形形态和开发规模对基地内景观的影响。对基地在开发分区的调查和规划显得尤为重要。在每一类地区，只要一座建筑超过本地区主导建筑的高度和外墙高度就会显得体量过大。通过城市设计法规，缩小地块的建设规模，控制建筑的占地率、容积率可以防止体量过大的建筑占据城市体形过多的位置。

（3）建筑风格和类型

建筑风格和类型必然会受到时代内容和建筑师个人因素的影响，其确立同样应以延续地方传统和协调周围环境为主要原则，控制引导中可要求使用具体的、具有地域特色的建筑外观处理手法来表达城市文脉。

建筑类型指的是建筑与环境的视觉意向，通常指的是那些具有特定功能或特殊环境与历史价值的城市空间和建筑类型。类型控制对于保护并延续城市文脉，塑造城市物质景观与人文景观将起到非常重要的作用。

高层建筑在城市中大量出现对城市的整体形态起着举足轻重的作用。高层建筑布局混乱，尺度过大，不仅造成城市形态的无序与混乱，还带来基础设施的浪费。拟建高层对区域内的视觉质量可以通过对高层底部、中部、顶部三部分加以分析与控制。高层底部是街道与开放空间的围合界面，高层顶部参与城市天际线的形成，中部要协调好与周围建筑的关系，减少不利影响（图 3-12）。

例如，培根在主持旧金山的设计中，首先分析出城市山形主导轮廓的形态空间特征，然后据此建立城市界内的建筑高度设计原则，指明底层建筑沿水边布置有助于建筑高度由山顶向水边跌落，低矮的、小尺度的建筑放在山坡上，山脚下或山间谷地可以补充地形形态并让景观保持连续性等。相应地，建筑体量和场地定位与街道格局的关系，也会影响街道空间景观的质量（图 3-13）。

然而这种驾驭不是刚性的，而是弹性的城市形态开发框架。在很多情况下，这种城市形态的控制导则还常常结合其他的非城市形态层面的法规条例来加以实施，如结合特定的历史地段或文物建筑的保护条例、特定的环境生态保护条例等。这样就既考虑了形态要素内容，又考虑了该城市设计发生的特定社会、文化、环境和经济的背景，使后来的引导和控制更加全面。

图 3-12　低矮的建筑依山而建，构成了和谐的韵律

图 3-13　依山而建的城市具有灵活多变的街道空间

图 3-14　城市建筑高度得到良好的控制

利用对城市群体建筑设计和单体建筑设计的引导与控制，可以确保建筑设计项目符合其所处的环境背景，通过引导和控制它们以形成良好的视觉效果，可以恰当的方式体现城市的历史传统和地方文化（图3-14）。城市形态的控制过程同时也是城市形象的创造过程，对建筑外立面加以综合管理，可以塑造良好的整体建筑环境。这个过程需要对城市建筑群体的区域特性，城市街道界面和开放空间的形成以及城市整体建筑轮廓秩序进行研究分析，并提出对建筑尺度、功能、风格、类型、立面、材料、装饰等方面的城市设计要求，以便引导建筑设计所影响的城市空间形态的塑造产生积极的作用。

图3-15　城市的迅速发展促使了城市综合体的产生

3.1.3　建筑综合体的概念

现代社会生活方式与城市功能运作方式需要较强的城市功能复合度，需要城市功能互补与联系，也需要各种城市功能空间互补性的有机结合，这是现代城市综合体产生的主要原因。城市的经济快速增长和发展，城市中的交流比过去增加，这些变化促使城市尺度发生变化，成为综合体的物质基础。现代城市功能要素相互联结，从一元变成多元，这种变化不是固定的而是更富弹性的，不是绝对的而是更加有选择性的，不是强制的而是更加自发的。大城市由于半径太大带来人与人交往的不便，而城市土地的集约化利用使得城市设施可以多用途、高效率地利用，同时也利于人与人的密切交往，这体现在城市综合体的三度综合开发。城市现代交通系统的发展赋予城市综合体重要的功能角色。高速交通工具的出现，改变了道路和建筑的关系，使得原有的城市结构无法满足现代社会的要求，而城市综合体可以适应这种变化。城市综合体是一个能把城市、交通和建筑加以联系与有机组合的结构系统，这里的结构不是指支撑建筑物的结构，而是把物与物之间相互联系起来的结构系统。就建筑或城市而言，即是把建筑和城市加以系统组织的一种结构和系统。

图3-16　城市综合体集中了城市的多种功能

图3-17　规划中的城市中心区集生态与功能于一身

城市建设规模的不断扩大与建造技术的日益成熟也促使了城市综合体的出现。现代城市的聚集效应，使得城市越来越大，这种扩大有两种方式：一是城市面积的扩大，二是城市单位空间容量的增加。在有限土地资源的限制下，城市单位空间容量的增加成为扩大城市规模的主要途径，集合多种城市功能的城市综

合体作为提高城市单位空间容量的重要手段日益受到
重视。新技术与新材料的应用使建造技术得到了大幅
度提高，这也为大规模城市综合体的实现提供了有力
支持（图 3-15 ～图 3-17）。

　　城市建设者与使用者的分离同样为城市综合体创
造了产生条件。自建自用的方式使城市建筑不可能容
纳更多类型的城市功能。因为受经济能力和使用对象
的限制，建造者与使用者为一体的建筑使用目的往往
比较单一，要么居住，要么办公，或者商业，在这样
的条件下不可能产生超大规模的、对城市开放的城市
综合体。现代城市地产的开发模式造就了建造者与使
用者的分离，建造开发者有机会把多种城市功能纳入
一个地产项目中，然后把它们以买卖或者租赁的方式
提供给不同的使用者，从某种程度上说，这称得上是
一种城市建造史上的革命，它为城市综合体的产生提
供了操作程序上的可能性。这种多功能、复合型的建
筑综合体，可以说是适应社会需求、经济发展和城市
土地集约使用的必然产物，它集中地体现了城市更新
的面貌，并形成了城市全新的各项社会和经济活动中心。

　　城市综合体相比于普通建筑的优势表现在以下几
个方面：

　　（1）通过不同建筑功能的整合，化解城市问题

　　城市综合体将分散的城市功能有机地组织在一起，
将商业与居住等多种功能综合布置，扭转了工作与居
住完全分开的传统观念，它对于城市中的一些问题提
出了有效的解决方式，缓解了城市交通、环境与治安
等方面的难题（图 3-18）。

　　（2）多种建筑功能的复合，提高了城市资源的利
用效率。

　　通过多种功能空间的整合集聚，可以提高土地空
间与市政设置等城市资源的利用效率。城市综合体常
常是将各种功能在垂直方向上重叠布置，这实际上也
是城市土地在空间上的再次开发利用。例如：街道、
广场不仅仅是人们的交际休闲场所，也是人们的散步、
购物、饮食、休闲、游戏等各种日常生活活动的去处，
综合性节约了空间。建筑综合体由于常采用的是统一
规划、统一开发、统一建设、统一管理的方式，因此
也就使其内部的多种设施可以得到更合理有效的利用。
而对于市政设施的利用，包括多种管网的综合利用，
可以做到更综合性的节约（图 3-19）。

　　（3）为"旧城改造"提供了有效解决方案

图 3-18　城市综合体将商业和居住等综合布置

图 3-19　城市综合体多数为统一规划、统一开发、统一建设、统一管理的方
式

图 3-20　城市综合体可以自给自足

城市综合体的建设在改善旧城环境质量和提升生活品质的同时，也保证了投资者的经济收益。投资者可以利用商业地产与居住地产的差价的利润差，进行环境建设，包括一些庭院的布置、文娱体育休闲设施的安放、增加城市绿化面积等。这样，环境会促进改造的成功，对于投资方的利益也是一种合理的保护与促进，也方便了市民的生活和工作。

(4) 有效的自我调节能力

城市综合体，在共生、互利的前提下，实现多功能的综合，使建筑具有物质构成上的强大优势，从而当城市生活需求发生变化的同时能够进行自我调整。各种功能互为补充，整幢建筑可以在一定范围内实现自给自足，形成"城中城"的经营方式（图3-20）；各种功能互相配合，也促进了自身的增长。如商业、办公、酒店与会议中心相结合，集中不同的商业行为，彼此增加潜在顾客，并提供多门类、多层次的服务，从而使建筑获得良好的经济效益。

(5) 有利于促进城市功能的完善和良好环境形成

随着社会发展和生活水准的提高，人们对综合环境质量的要求也在不断提高，而商住建筑综合体丰富的功能可以将城市生活的方方面面有机地组织在一起，使它们彼此促进，通过各种功能的综合使居民生活极其方便和丰富。它良好的经济效益、内部多种功能协调平衡及相互激发，使得建筑更加能动地发挥其职能，产生更大的经济效益，形成一个具有良好环境效益的城市街区。

例如，日本建筑师黑川纪章事务所完成的澳大利亚墨尔本中心，坐落在墨尔本中心商务区内，是一幢集办公、商场、多功能娱乐设施于一体的城市综合体，高层塔楼主要供出租办公。这个项目合理地处理了地铁出入口、地铁站站厅与建筑公共空间的关系。建筑师设计了一个既属于综合体本身，又属于城市的透明锥形透朗中庭，并使之深入到地下二层，进而横向延展至地铁站大堂。其内部连续流动的、开放的城市公共空间促使城市交通、商业、娱乐、办公、建筑文物等多项要素之间互相穿插结合，整个设计体现了建筑师的一个重要理念：城市公共空间引入建筑内部，将城市不同功能进行重叠、组合，达到不同城市功能共生的目的，将墨尔本中心建设成为一个复杂的城市综合体，从而为城市带来新的活力（图3-21）。

城市建筑综合体的演变和发展过程，是城市、建筑和市政综合发展的必然产物，综合体成功地将城市周边环境、建筑空间形态和基础设施有机地结合在一起，使城市建筑向外部空间、地面和地下空间三向度空间发展，构成一个流动连续的系统空间体系。在未来的时间里，建筑师在设计中更应该把城市设计作为建筑设计的基础，首先考虑的是建筑在城市中的整体性和建筑与周围环境的关联性，其次才是建筑物本身的设计。建筑师们应该将城市建筑形态空间有效地组织起来，将城市建筑空间与立体交通统一设计和建设，是大城市综合再开发的主要途径之一。

3.1.4 建筑综合体的设计要点

建筑综合体的突出特征是"大型"和"复合"，当这种开发大到占据一个乃至几个街区时，将会打破城市环境在街面上的连续性和一贯性。由于对其建筑密度及容积率有特定的要求，所以最可能分布于城郊接合部，这样才能获得足够大的开发地块，以保证有足够的空间实现低密度的建筑模式。城市综合体项目选址一般应符合下列三项标准之一：项目所在位置为城市核心区，有人流和消费基础；项目位于城市中心，是城市经济新增长点；项目位于新开发区。城市综合

图3-21 澳大利亚的墨尔本中心

体建设一般还应满足以下条件：

（1）必须有营造园林景观的基础。大型城市综合体必须有大面积的绿化作为其营造园林景观的基础。

（2）必须具有交通便捷的区位优势。城市综合体与城市的经济有着密切的联系，这一切都需要与城市其他区域之间有快速便捷的交通网络做纽带，保证在综合体内的办公人员出行便利。最好是位于地铁站或交通便利位置。交通的便利将为城市综合体项目带来大量的人流和物流，特别是为零售提供持续不断的人流，保证所有资源使用价值的最大化。

（3）必须营造齐备的生活系统。为满足城市精英阶层的居住、消费、休闲、娱乐、社交等多种形态的生活需求，大型城市综合体建筑必须拥有齐备的生活系统，必须具备一定规模的大型购物中心、五星级酒店和国际化写字楼。

（4）因为综合体建筑包含多方面内容，所以一个综合体要有自己专业的物业管理公司，引进最为专业的合作伙伴，共同管理项目，为业主提供周到的服务（图3-22）。

因此，如何使这种大型的建设开发能够和谐地融入城市环境便是城市设计关注的焦点之一。根据世界范围城市设计实践积累的经验，建筑综合体设计可以有很多方法，通常有以下几种：

（1）混合关系：混合空间是指形体组合没有特定的规律，看似没有任何关系的随意组成的平面，却组合成一个个有意思的街道与空间。它不拘泥于形式，创造出丰富的边界与节点，使人置于其中有一种移步换景、与众不同的感觉。虽然混合关系使每栋建筑看似没有任何关系，但它们一般是由同一种建筑材料，或者相同的建筑细部来达到统一，起到相互之间的联系。现在越来越多的建筑师喜欢用这种设计风格创造出优美的环境，如北京的建外SOHO，是由若干个方形平面相同单体组合而成，每个单体高度各不相同，形成了高低错落的建筑群体，它完全采取与周围环境对立的姿态，塔楼旋转30°偏南布置，赋予了建外SOHO强烈的整体个性。单体建筑外立面都是由方框元素组成，从远处看去，有很强的视觉冲击，虽然外立面形式简约，但走进去以后，尺度宜人，空间丰富，其设计采用一系列建筑元素和巧妙的手法，来表现SOHO街的尺度感和人性化，包括过街天桥、SOHO别墅、露天车库、建筑群房和第五立面等。

（2）对城市周边空间的整合：新旧建筑风格统一，互相包涵或者联系的构图，追求新旧建筑在逻辑上的统一，具体做法就是在颜色、细部、轮廓上使之发生联系，建立统一的秩序。同时也要注意新旧建筑之间的强烈反差，可以创造视觉的震撼力并给人以深刻的印象，可以借用对比的手法达到统一。具体而言，有垂直与水平、颜色的反差、高与低、虚与实、轻与重的对比、几何造型的对比、结构形式的对比、古典与高科技的对比等。这些手法的运用，最终的目的是对周边空间的谦让和保护。这种做法不等同于完全遵循传统的样式，而是采取一个更高的姿态，完全为现有的环境让道，这点以贝聿铭的卢浮宫扩建最为成功（图3-23）。在历史悠久的卢浮宫前进行扩建是一项极具挑战的任务，他的方案关键是将新创造的空间完全建于地下，玻璃的金字塔覆盖主要入口并给地下各层带来光线，同时解决了功能和交通，对于金字塔，贝聿铭说"它既不模仿传统也不压倒过去，反之，它预示着将来，从而使卢浮宫达到完美。"

图 3-22　集多种生活需求的北京三里屯 SOHO

图 3-23　整合了城市周边环境、传统和现代的卢浮宫扩建案例

（3）深入地下：对于体量有限制的地段，建筑主体深入地下是很有效的出路。如上海人民广场的地下步行街，因步行街开发之前已有地下变电站、车库等，利用有效资源，设计者把观光游览、休息、活动等置入地下，地上为城市绿地人民广场，简捷的干道布置将广场划为六大块，看似随意的自由步道客观上联系各个既定的节点，使地面上下空间构成联系，绿色屏障基本隐去了周边杂乱无序的构筑物。

（4）主体建筑后缩：通过主体建筑层层后缩，造成视线遮挡，将巨大的体量隐藏起来，如卡莱尔购物中心，大空间设在地段中央，在外部形体上不做强调。沿街部分只有一层，减少了建筑体量与周围环境的冲突。

（5）后退道路：通过后退道路红线，突出强化街道，把一些室内的活动引到人行区边缘，还可以让一些主要外立面和入口面向街道，通过设置人行走廊等方法拉近人们与建筑的距离，突出街道空间。

（6）人性化的细部处理：细部设计使建筑的外部形象更具有吸引力。要使建筑耐看，就要对低层部分进行深入的细部设计，细部精致的建筑使人感觉亲切、温馨，如底层部分增加近人尺度的雨篷、柱廊、线脚等建筑元素，底层外立面和零售商店采用透明的处理，与街道上的其他建筑相吻合，可以形成良好的尺度感。橱窗与广告牌是建筑综合体的重要特征，比建筑构件更有亲切的尺度，且商业气氛浓厚，围绕橱窗做具有诱导性的入口或外立面，做成有透明度的玻璃幕墙，特别的主入口设计通往上层的中庭，就有更好地开放性和暗示性，对人流形成迎合关系。配合橱窗位置在立面上作网格化处理，通过网格比例的变化来协调建筑上部与底层间的尺度变化，也是现代建筑综合体的常用手法。

城市建筑综合体作为城市的重要载体之一，已具有广泛的城市含义。在组织其外部形态、考虑其组合方式的美观的同时，一方面要考虑到对周边城市环境的影响，尽量做到与周边环境的和谐，提高区域竞争力；另一方面要考虑其巨大的体态，尽量做到化整为零，在人们的视觉上弱化其体形，或者以细部优化分散人们的注意力。良好的外部形态设计是整合周边城市环境的媒介，成为综合体建筑设计的重中之重。

3.1.5 世界城市综合体案例

3.1.5.1 世界首座城市综合体——法国巴黎拉德芳斯

首先我们不得不提到世界上首个城市综合体——法国拉德芳斯（图 3-24）。它修建于 20 纪 50 年代，是世界上第一个诞生的城市综合体，至今仍然充满着旺盛的生命力，在当地人们的生活中发挥着巨大的作用。它现代、前卫、全方位地覆盖各种城市功能。这儿几乎都是世界跨国公司的据点，整个区域相当特别地建立在平台上，交通系统整体地下化，致使我们几乎看不到一辆汽车。

（1）拉德芳斯城市综合体的诞生

拉德芳斯的规划始于 20 世纪 50 年代，规划面积达 800 公顷的地面上，至今已形成巴黎近郊最具现代化的都会景观。

（2）拉德芳斯的由来

拉德芳斯原是巴黎西郊一片僻静的无名高地，普法战争后人们在高地上树立起一组雕像，提名＂拉德芳斯＂，意为＂保卫＂。而新建成的拉德芳斯给巴黎这座古城带来了浓烈的现代气息，也是现代巴黎的象征。

（3）拉德芳斯的规划

拉德芳斯规划用地 800 公顷，先期开发 250 公顷，其中商务区 160 公顷，公园区（以住宅区为主）90 公顷。规划建设写字楼 250 万平方米，供 12 万雇员使用，共容纳 1200 个公司。最终在不断地改进之下，设施齐全、与环境相和谐的拉德芳斯区一举成为欧洲最大的商业中心。

（4）拉德芳斯的交通系统

拉德芳斯是欧洲最大的公交换乘中心，RER、高速地铁、轨道交通、高速公路等都在此交汇。其四周是一条高高架起的环行高速路，裙楼中间是一个巨大的广场，上面有花坛、小品、雕塑等，但没有任何车辆行驶，因为该广场也建在空中，底下是公路、停车场和公共汽车站。对于拥挤的巴黎市区来说，67 公顷的步行系

图 3-24 远处的拉德芳斯城市综合体，巴黎的新地标

统真是难得的行人天堂。

　　(5) 拉德芳斯的建筑

　　拉德芳斯蕴藏着法国浪漫的艺术气息，这里集合了众多的现代化建筑，在世界城市综合体的发展中树立了独特的典范，至今仍是世界最具代表性的城市综合体。穿行其间，你可以感受到现代的高楼大厦与古老巴黎穿越时空的对话和交流。五十多年的风雨洗礼，不仅让拉德芳斯历久弥新，更让它成为至今也难以超越的具有艺术、生活特质的城市综合体经典之作。

　　首屈一指的经典建筑是位于拉德芳斯最西端的"大拱门"，俯瞰整个区域，它实际上是卢浮宫——协和广场——凯旋门中轴线向西延伸的终点 (图 3-25)。整个建筑是个立方体，呈门框状，中间形成一个高与宽各 100 米的空间，足足可以摆进一个巴黎圣母院。两侧各为 36 层的办公用房，其使用面积达 10 万平方米，可供 5000 人同时办公之用。顶部则为会议大厅。这个庞然大物的外立面全部为大理石或暗色玻璃贴面，建筑材料的总重量超过 30 万吨，要知道巴黎的最高建筑埃菲尔铁塔的重量才 7000 吨。为了承受这一破天荒的重量，整座建筑的地基深度达 30 米。这项空前绝后的工程花费了法国人近 30 亿法郎，绝对可以称得上是现代巴黎的新地标 (图 3-26)。

　　新区内最早落成的"国家工业和技术中心"的建筑也极具特色。这个建筑物外表如一个巨大的倒扣的贝壳，只由三个支点支撑，整个建筑的内部没有一根立柱，这种设计堪称科技与艺术完美融合的典范 (图 3-27)。

　　拉德芳斯的非凡魅力吸引了众多法国和欧美跨国公司、银行、大饭店纷纷也在这里建起了自己的摩天大楼。面积超过 10 万平方米的"四季商业中心"、"奥尚"超级市场、C&A 商场等为人们提供购物的便利。

　　拉德芳斯并不是一堆冰冷的高层建筑的集合体，而是充满了人文、艺术和浪漫气息的生活区。拉德芳斯，既有像新凯旋门那样具有象征意义的地标，也有随处可见的火烈鸟等抽象雕塑，还有住宅、展厅、商场，甚至小孩玩耍的旋转木马，在这里你基本上可以找到所有生活上必需的东西。建筑的大尺度、建筑的艺术性，都是绝无仅有的。然而，拉德芳斯与其他城市综合体最大的不同在于，它把这些非人性化的因素变成了最大的人性化。拉德芳斯的成功也为世界城市的发展史翻开了新的篇章。

图 3-25　拉德芳斯是凯旋门轴线的最西延伸

图 3-26　拉德芳斯的标志之一：大拱门

图 3-27　法国国家工业与技术中心

3.1.5.2　东京六本木新城——日本目前规模最大的都市再开发成功项目

六本木新城再开发计划结合了良好的艺术规划与开放空间设计，将整体空间塑造得更加艺术化和人性化，不但为居民提供了一处舒适宜人的都市生活、办公与休闲、购物空间环境，而且带来了一种新的都市设计思考方向（图3-28 ~图3-30）。

（1）六本木新城再开发计划简介

六本木新城位于东京都会区的六本木六丁目地区。许多年来，这个地区的街道一直非常狭窄，建筑物陈旧且密度极高。经过17年的不断努力，在政府、民间企业、地方人士的合作下，六本木新城再开发改造计划于2000年4月开始建设施工，于2003年4月底完成。

六本木新城再开发计划以打造"城市中的城市"为目的，并以展现其艺术、景观、生活独特的一面为发展重点。六本木新城总占地面积约为12公顷，以办公大楼森大厦（Mori Tower）为中心，具备了居住、办公、娱乐、学习、休憩等多种功能及设施，是一个超大型复合性都会地区，约有2万人在此工作，平均每天出入的人数达10万人。六本木新城里的建筑，包括了朝日电视台总部（由日本著名建筑师桢文彦设计）、54层楼高的森大厦、凯悦大酒店、维珍（Virgin）影城、精品店、主题餐厅、日式庭园、办公大楼、美术馆、户外剧场、集合住宅、开放空间、街道、公共设施……几乎可以满足都市生活的各种需求。

（2）交通体系

六本木新城建立了良好的区内交通体系，在规划时就考虑到将地铁交通系统与都市公共交通系统相结合，并将人的流动放在第一位来考虑，以垂直流动线来思考建筑的构成，使整体空间充满了层次变化感。森大厦株式会社希望创造一个"垂直"的都市，将都市的生活流动线由横向改为竖向，建设一个"垂直"的而不是"水平"的都市，以改变人们的居住与生活行为模式。通过增加大楼的高度来增加更多的绿地和公共空间，并缩短办公室与居住区之间的距离，减少人们的交通时间。六本木新城内的建筑就是根据这一规划理念朝垂直化方向设计的，因此本区的户外公共空间开阔，绿化率也较高。

（3）六本木新城的空间组成

六本木新城在规划时将地区发展与都市整体规划相结合，除了保留六本木新城现存的水系和绿化之外，

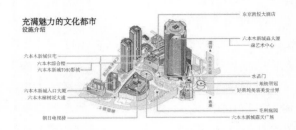

图3-28　六本木新城设施介绍

图3-29　六本木新城实景鸟瞰

图3-30　六本木新城的绿色庭院

图3-31　六本木新城的商业区出入口

还整合了周边的公园和广场空间；将规划区内一半以上的区域作为户外开放空间，加强地区与都市之间的融合与协调；充分利用地铁交通系统与都市公共交通系统，将地区商业活动与东京整体观光旅游相结合。六本木新城的总体规划设计充分考虑到了居住者与游客的多种需求，这使得它成为了当今世界上最受关注的新兴都市规划区之一。它的空间组成大致可分为五个区域，即地带大厦、地铁明冠与好莱坞美容美发世界、山边、西街与榉树坂区。地带大厦为连接地铁日比谷线六本木站的商业大楼，其一楼与地下一楼设有餐厅、商店和便利店等；地铁明冠、山边与西街是主要的商业活动集中区域；榉树坂区则包括了六本木新城入口大厦、六本木新城住宅区、六本木榉树坂大道等相关空间（图 3-31）。

六本木新城最高的象征性主体建筑森大厦，是一栋地上 54 层、地下 6 层，总建筑面积为 369451 平方米，由世界知名建筑事务所 KPF 设计的大楼。大厦不仅设有高速电梯直接到达顶层，也设有电动手扶梯到达各楼层。而西街就是位于森大厦的下层西侧空间与凯悦大酒店下层东侧的部分商店所组成的商业街。本区结合多样化的商店、各类时尚精品店、餐厅、医疗中心、银行与其他生活必需用品商店，形成了主要的购物中心，让人们的生活更加方便、舒适。西街采用挑高为四层楼高的空间设计，商店区一共有 6 层楼高，玻璃帷幕为采光屋顶，产生了丰富的空间层次变化，加上各式各样精彩有趣的亮丽店面设计，配合适当的景观与休憩服务设施，一处既简洁明亮又令人感到开阔舒适的购物场所。另外，东京城市观景台位于森大厦的 52 楼，与森美术馆相连。东京城市观景台拥有单片高 11 米且环绕建筑 360°的落地玻璃窗，从这个充满空间开放感的场所眺望东京都市夜晚绚丽的街景，是一种非常美好的体验（图 3-32）。

（4）良好的营运措施

运用良好的营运措施和发挥创造力来经营六本木新城，是森稔社长的规划理想。六本木新城具有全年度的营销推广计划，每一季度举办不同的主题活动，并提前公布下个月的活动计划，以吸引公众参与，另外也结合旅游业积极开展地区观光、艺术文化及商业活动。

森稔社长主张"城市既是剧场又是舞台"，因此在六本木新城内的许多地方都可以见到体现森稔社长

图 3-32　六本木新城的主体建筑：森大厦

这一理念的设施，包括六本木露天广场与各种媒体及信息技术资讯设施，都满足了人们"看"与"被看"的需求。

六本木露天广场是一处拥有可以任意开放的遮蔽式穹顶露天多功能公共娱乐表演圆形舞台，能为风雨无阻的户外活动提供场地；配合着可变换的喷水设施，满足了多样化的活动场地需求，提供了变化丰富的空间。另外，整个六本木新城内的街道、建筑物墙壁和电梯前也分别设置有大大小小的银幕，除了显示各种租赁、活动资讯外，还可以转播表演活动，播放各种商业广告，传递信息（图 3-33）。

（5）艺术文化与休憩设施

拥有大量的艺术文化与休憩设施，使六本木新城成为了东京的文化重心地区之一，这也是当初开发规划时就已经确定的目标。因此，在森大厦的 49～54 楼的森艺术中心就规划集合了以现代艺术为展览与馆藏主题的森美术馆、观景台、会员俱乐部和学术研究机构等，并且在全区建设过程中就充分考虑设置了公共艺术作品和景观休憩设施。整个地区内的人行道和公共场所中总共设置有 8 件公共艺术作品和 11 件装置艺术街道家具。这些配合整体开放空间的景观系统规

划，成为了六本木新城街道景观构成的重要元素（图3-34、图3-35）。

六本木新城再开发计划的成功在于规划者有着开阔的视野、独树一帜的品位与敏锐超群的潮流捕捉能力。凭借独特的创意、完整而翔实的企划和强大的执行能力，六本木新城再开发计划提出了一个新的超大型都会复合性休闲文化商业中心的生活圈提案，其规划包含了一般市民在衣、食、住、行等各方面的需求，成为另一种新的都市生活的形态指标。六本木新城再开发计划结合了良好的艺术设计与开放空间规划，将整体空间塑造得更为艺术化与人性化。这一成功的都市再开发经验，可作为我国未来都市更新发展规划的参考范例。

3.2 城市中心区

3.2.1 城市中心区的概念

城市中心是指城市中供市民进行公共活动的地方，在中心区内一般集中了城市第三产业的各种项目，如公共建筑、政府的行政办公建筑、商业建筑、科研建筑和文化娱乐设施等。

城市中心的功能是随着时代发展的。古代城市的中心往往以行政、宗教活动为主，附带有部分的商业活动，形成当时的市政中心。它的典型布局形式是由市政、宗教等建筑围成一个中心广场。如古希腊城市中的中心广场，中世纪欧洲城市中的广场等（见城市广场）。中国封建时代的城市，一般以当地的衙署及其前庭构成城市的行政中心，城市中的寺庙及其前庭则成为市民进行宗教和商业活动的公共中心。随着城市经济、社会活动的发展，城市功能日趋多样化、复杂化，因而现代城市往往需要有政治、经济、文化、金融、商业、信息、娱乐、体育和交通等各种活动的中心。美国有人把市中心这部分地区称为"Downtown"，意指该地区集中了大量的金融贸易机构办公楼、酒店和商业建筑等。中国则一般称市中心为商业中心，但现在有一种功能复合化的发展趋势，在规模较大的城市中，可以有不止一个、层次不同且功能互补的中心，如为全市服务的市中心、分区中心、居住社区中心等，它们包括了行政、政治、经济、文化、商业、金融贸易、娱乐等方面的功能。世界一些著名的首都如北京、巴黎、华盛顿、莫斯科、东京等城市的中心区，都是功能明确、

布局紧凑，并具有独特风貌和艺术特色的（图3-36）。

图3-33　六本木露天广场

图3-34　六本木新城的公共艺术作品

图3-35　六本木新城的夜景

3.2.2 城市中心区的功能和特征

3.2.2.1 城市中心区的功能

现代城市中心区的功能主要有：政治、行政性的，商业、经济性的，文化娱乐性的等等。在一个城市中，这些不同性质的功能可以相互结合，形成一个集中的多功能的复合中心。

政治中心和行政中心是两个不同的概念，前者带有一定的象征性，主要是市民进行政治活动（如游行、集会等）的场所；后者则是政府行政机构集中的地段。这两类不同性质的功能在一般城市可以结合在一起，形成一个中心。但在某些大城市中，两者则是分开的。例如北京作为首都，政治中心是天安门广场，行政中心是中共中央、国务院所在地——中南海。

商业和经济中心也是可分可合的。商业中心是城市中主要零售商业和服务业相对集中的地区，是居民购物的主要地区；而经济中心则集中了全市性（有的还带有全国性、全球性）的金融、商业、保险、服务、管理、信息等活动，主要是进行经济活动的神经中枢（图3-37）。这两种中心虽有区别，但是在一般情况下又有密切联系。发达的资本主义国家大城市中的商业事务区（简称CBD），如东京千代田区、纽约曼哈顿区就是经济和商业活动高度集中的中心地区。

文化娱乐中心一般是指包括博物馆、展览馆、剧院、电影院、杂技场、文化宫、图书馆、体育场、游乐场等全市性的重要文化娱乐设施比较集中的地区。这里吸引着大量的人流、车流。其中一些设施（如剧院、电影院等），通常同商业中心结合布置；大型体育设施或游乐场则同公园绿地相结合，或设置在城市外围的独立地段。

现代城市的重要交通枢纽，如铁路客运站、客运码头等，往往深入到城市中心地区或中心区的边缘，常被称为城市门户，也是一种重要的城市中心。

3.2.2.2 现代城市中心区的发展特征

（1）自我强化。城市中心区占据城市中的区位最优地段，依托已有的功能和设施，以相对稳定而又不断更新的方式来适应城市公共活动的要求，使中心区逐渐生长并扩大。这种趋势只有当中心区的容量、环境质量、辐射力、可达性等支持城市中心的必要条件出现巨大障碍或城市生活方式出现根本改变时，才会t停止。

（2）功能的综合性、公共性，建筑容量高、建筑密度大，体现了中心区的高效特征。

（3）城市交通指向集中，城市各地块以及城市外围地区都以最便捷的方式与城市中心保持联系，是城市的核心，是城市最重要的景观区域之一，也是城市形象的一部分。

图 3-36　城市广场是传统的城市中心，集合了文化、商业等许多功能

图 3-37　现代城市的商业经济中心可以和政治文化中心的概念分离

3.2.3 现代城市中心区的设计开发原则

美国学者波米耶在《成功的市中心设计》一书中，曾论及城市中心区开发的七条原则，其内容基本包括了中心区城市设计的要点，现将其引述并评介如下：

（1）促进土地使用种类的多样性

城市中心区土地使用布置应尽可能做到多样化，有各种互为补充的功能，这是古往今来的城市中心存在的基本条件。城市中心规划设计可以整合办公、商店零售业、酒店、住宅、文化娱乐设施及一些特别的节庆或商业促销活动等多种功能，发挥城市中心区的多元性市场综合效益。

（2）强调空间安排的紧密性

在现代城市中心的规划布局考虑上，其开发项目不论是直接为本市居民服务的，还是间接为本市居民服务的，甚至不为本市居民服务的，都有集中布置的趋势。一般来说，将具有相近功能的设施集中在一起是有利的，这不仅对这些设施本身的日常运营有利，而且也能更好地为人们服务。紧凑密实的空间形态，有助于人们活动的连续性。同时，空间过于开阔也会导致各种活动稀疏和零散，在城市设计手法上，最常用的应推荐采用建筑综合体的布置办法——"连"和"填"即填补城市形体架构中原有的空缺，沿街建筑的不连续，哪怕是一小段，都会打断人流活动的连续性，并减低不同用途之间的互补性。

（3）提高土地开发的强度

无论从经济的角度看，还是就市中心在城市社区中所起的作用而言，城市中心区都应具有较高密度和商业性较强的开发，只是需注意不要对城市个性和市场潜能造成过多的压力，对交通和停车要求也应有周详的考虑。中心区最常见的高楼大厦被大片地面停车场所环绕，这种做法是不可取的。应该认识到，高强度的开发未必就是建高层建筑。此外，城市土地的综合利用也是保证土地开发强度的一种有效方式。在规划设计这些空间关系和品质时，应特别关注沿街建筑在水平方向的连续性和建筑对空间的围合作用。

（4）注重均衡的土地使用方式

城市中心区各种活动应避免过分集中于某一特定的土地使用上。不同种类的土地利用应相对均衡地分布在城市中心区内，并考虑用不同的活动内容来满足。白天与晚上，平时与周末的不同空间需求，如果只安排商务办公用途，那到了夜晚和周末，就会使中心区萧条冷落，无人问津。

（5）提供便利的出入交通

车辆和行人对于街道的使用应保持一个恰当的平衡关系。对于大多数中心区来说，应鼓励步行系统和街面的活动，如鼓励人们使用公交运输方式，并在步行区外围的适当位置设计安排交通工具换乘空间节点等，有条件的场合应尽量采用多层停车场，并在停车场的底层布置商店及娱乐设施等，一些大城市则在中心区设置大规模的地下停车场，如日本的名古屋、东京，法国的巴黎，美国的波士顿等。

（6）创造方便有效的联系

创造方便有效的联系即在空间环境安排上考虑为人使用的连续空间，使人们采取步行方式能够便捷地穿梭活动于城市中心区各主要场所之间。如美国明尼阿波利斯、中国香港等城市中心区的人行步道系统，这些联系空间应将市中心区主要活动场所联系起来，在整体上形成一个由街道开放空间和街道之间的建筑物构成的完整的步行体系。

（7）建立一个正面的意象

建立一个正面的意象即应让城市中心区具有令人向往、舒心愉悦的积极意义，如精心规划布置中心区的标志性建筑物，设置广场和街道方便设施和建筑小品、环境艺术雕塑等，这样就有利于为中心区建立一个安全、稳定、品位高雅的环境形象。

总之，城市中心区应是城市复合功能、地域风貌、艺术特色等集中表现的场所，具有特定的历史文化内涵，同时，它又常常是市民"家园感"和心理认同的归宿所在，应让人感受到城市生活的气息。城市中心也是驾驭城市形体结构和肌理组织的决定性空间要素之一。

3.2.4　现代城市中心区设计理念的更新

随着现代交通的发展，安全舒适的城市中心也由于城市交通的大量入侵而失去了应有的魅力；同时，人口的迅速增长，城市中心过高的土地开发强度，使城市中心区的建筑密度过大、环境质量下降。城市中心区的开发成为城市设计的重要课题，新的城市中心区设计理念也因此被提出：

（1）步行化：步行街区被公认为是现代城市中心设计的基本要素和方法。在观念上，建筑已经不再是沿着交通道路的外向型布局，而是主要在交通路两侧及围合的街区内作为三度空间实体按步行者活动需求进行内向型的建筑布局。交通组织上实行人车分流，将城市交通截流或绕行于中心区的外围。利用步行城市轴进行市中心空间布局则是另一种设计手法。

（2）立体化：为了便捷有效地组织交通和人流活动，产生了立体化的城市中心设计。这种立体化的市中心，其步行空间的组织有两种形态，一是基本以传统露天街道广场空间、桥式步行道（或地道）为主要特点进行组织，二是建筑综合体式的全新的中心设计模式。

（3）生态化：21世纪是改善生态环境、回归自然的时代。环境对应着生态作用、绿化作用，环境的好坏直接影响城市中心区的形象特征。

3.2.5　城市中心区设计要点

（1）位置选择：首先应考虑城市的自然环境，如沿山、滨水的城市，城市中心的位置要选在能充分利用自然特点、突出城市特色的地方。其次，要考虑城市的历史和现状，充分利用历史上已经形成的中心，这对于城市改建和历史文化名城的改建、保护来说，尤为重要。第三，城市中心一般应选在位置适中、交通方便的地段。位于山谷、河谷地带的城市，因受地形限制，城市中心可能偏于城市一侧，则要尽可能创造方便的交通条件，使城市居民都能比较便捷地到达市中心。多中心布局结构的城市，各个中心的选址既要考虑各自的适中位置，又要考虑各中心之间的互相联系。此外，城市中心位置的选择还应考虑城市用地将来的发展，在布局上保持一定的灵活性。

（2）规划布局：小城市一般设置集中型的城市中心。它的功能是多方面的，但其结构形态只是一个"点"。大城市的中心功能较复杂，常常形成一片地区，它的结构形态是一个"面"。有的大城市甚至形成一个由点、线、面相结合的网络系统。城市中心的规划设计要满足人们的审美要求。城市建筑艺术布局的焦点是城市中心。应该从整个城市建筑艺术布局的总体上进行统筹考虑，研究城市的自然和历史特点，加以利用，创造出富有特色的市中心面貌。多中心的城市，在布局上还应尽可能通过城市园林绿地系统使各个中心相互联系起来，形成一个丰富多彩而又完整统一的城市空间艺术体系。

（3）交通组织：城市中心人流、车流高度集中，必须重视交通组织，做到集散迅速。为此，城市中心地区与城市主干道要有方便的联系，但又不能让交通繁忙的干道穿越中心地区。一般在中心地区的周围布置交通干道或环路。大城市由于人口集中，用地紧张，可以利用地下空间，建设地下铁道、地下停车场和地下商业街等，使地下设施同地面上的各项活动紧密地结合起来，以方便群众并改善环境质量。吸引大量人流、车流的公共建筑不应过分集中布置在中心区，更不能布置在交通繁忙的道路交叉口上；这类公共建筑前面应有足够的集散场地。

3.3　开放空间和城市绿地设计

3.3.1　开放空间的定义和功能

开放空间是城市设计中非常重要的研究对象。现代意义的城市开放空间概念出现于 1877 年英国制定的《大都市开放空间法》。此后，英国于 1906 年修编的《开放空间法》将开放空间定义为：任何围合或是不围合的用地，其中没有建筑物，或少于 1/20 的用地有建筑物，其余用地作为公园或娱乐场所，或堆放废弃物，或是不被利用。这一定义特别强调有休闲游憩功能的非建筑用地空间。在当代人口日益稠密而土地资源有限并日益枯竭的城市中，开放空间显得特别稀有而珍贵。如何在城市空间环境规划中为人们方便可抵达的地方留出更多、更大范围尺度的户外和半户外的开放空间，增加人们与自然环境接触的时间与机会，应该成为 21 世纪城市设计专业工作者在改善城市环境品质和提升城市景观形象方面的首要任务。

关于开放空间的概念和范围，国内外有不尽相同的说法。除了上述的界定，1961 年美国的《房屋法》规定开放空间是"城市区域内任何未开发或基本未开发的土地，具有公园和供娱乐的价值；土地及其他自然资源保护的价值；历史或风景的价值等"。著名城市设计者奥古斯特·赫克舍认为："所谓城市开放空间，指的是城市一些保持着自然景观的地域，或自然景观得到恢复的地域，也就是游憩地、保护地、风景区，或者是为调整城市建设而预留下来的用地，城市中尚未建设的土地并不都是开放空间，是指具有娱乐价值、自然资源保护价值、历史文化价值、风景价值的空间。"查宾指出："开放空间是城市发展中最有价值的待开发空间，它一方面可为未来城市的再成长做准备，另一方面也可为城市居民提供户外游憩场所，且有防灾和景观上的功能。"《城市意象》的作者凯文·林奇认为：只要是任何人可以在其间活动的空间就是开放空间。他还认为开放空间可分为两类：一类是属于城市外缘的自然土地；一类是属于城市内的户外区域，这些空间由大部分城市居民选择从事个人或团体的活动。塔克尔认为："开放空间是指在城市地区的土地和水体不被建筑物所隐蔽的部分。"

艾克伯则指出："开放空间可分为自然与人为两大类，自然景观包括天然旷地、海洋、山川等，人为景观则包含农场、果园、公园、广场与花园等。"而克里斯托弗·亚历山大的《模式语言：城镇建筑结构》对开放空间的定义则是：任何使人感到舒适、具有自然的屏靠并可以看向更广阔的地方，均可称之为开放空间。

一般而言，开放空间具有四个方面的特质：

（1）开放性，即不能将其用围墙或其他方式封闭围合起来。

（2）可达性，即对于人们是可以方便进入到达的。

（3）大众性，服务对象应是社会公众，而非少数人享受。

（4）功能性，开放空间并不仅仅是供观赏之用，而且要能让人们休憩和日常使用。

城市开放空间是以人为主体的，应充分体现对人的关怀，组织各种为人所用、为人所体验的人性空间，并充分体现人们在社会文化和精神层面的追求，通常认为在城市开放空间中人们能通过各种行为活动，获得亲切、舒适、轻松、愉悦、尊严、平静、安全、自由、有活力、有意味的心理感受，而这种对于公共活动和生活品质的支持作用也体现了人们在社会文化和精神层面的追求，因而可以被称为人性化空间。

城市开放空间的人性化应从三个方面来评价：首先是要符合整个城市的生态环境要求。因为城市开放空间系统负载的生态调节和防灾功能直接涉及安全和健康的基本要求，除了为人提供户外休闲、娱乐、健身等功能外，还有平衡城市发展，调节土地使用强度，城市防灾，美化环境，净化污染等多项功能，是一个城市可持续发展的重要保障。城市开放空间对热、风、水、污染物等环境要素的集散运动及空间分布具有正面的调节作用，有利于从源头上减少降低热岛效应、洪涝、空气污染等城市环境灾害；片区组团之间的绿地、卫生防护绿地、滨水空间、建筑之间的室外场地等缓冲隔离开放空间可以为相应的建筑和区域提供有效的外围防护屏障，而与防灾空间设施紧密结合的开放空间是地震、街区大火等城市广域灾害的疏散避难、救援重建等防救活动的主要空间载体。不论在城市总体还是在局部环境中，开放空间系统对于提升城市空间环境的容灾、适应能力，降低灾害损失，都具有不可替代的作用。二是开放空间应具有人性尺度。所有城市开放空间都是有形的物质空间，其形状大小不一，每一个开放空间都是由若干个小空间组成的空间组合

体，其空间尺度的人性化直接关系到空间的品质和氛围的形成。三是开放空间的场所精神。其日益发展的科学技术使什么都可能国际化，但一个城市的地形、地貌、气候条件和历史等却无法改变，因此，城市开放空间是最能体现其地域特征的。简单说来，城市开放空间的人性化，既要有利于生存，又要能满足人的感官需求，还要注重使用者的心理感受，并使之得到思想上的升华。

3.3.2　开放空间的特征

大多数城市开放空间都是为满足某种特定功能的空间体系存在的，各种建筑、街道、广场、公园、水路均可共存于这一体系中。可达性和连通性是城市开放空间的重要属性。大致上，城市开放空间在城市结构体系方面具有下面的特点：

（1）边缘：即开放空间的界限。它出现在水面和土地交接或建筑物开发与开敞空间的接壤处。这常是设计最敏感的部分，必须审慎处理。

（2）连接：指起连接功能的开放空间区段。例如，连接绿地和实用开放空间的道路和街道，它也可以是一个广场和其他组合开放空间体系要素的焦点，在城市尺度上，河道和主干道也可称为主要的起连接功能的开放空间。

（3）绿楔：这是一种真正的城市开发中的"呼吸空间"。它提供自然景观要素与人造环境之间的一种均衡，也是对高密度开发设计的一种变化和对比。

（4）焦点：一种帮助人们组织方向和距离感的场所或标志。在城市中它可能是广场、纪念碑或重要建筑物前的开放空间。

（5）连续性：这是城市结构体系的基本特征。自然河道、公园道路、相连接的广场空间序列乃至室内外步道系统都可以形成连续性。开放空间及其体系是人们从外部认知、体验城市空间的物质媒介，也是呈现城市生活环境品质的主要领域。今天，开放空间已经超越了建筑、土木、景观等专业领域，而与社会整体的关系越来越密切。开放空间的组织需要政策，需要合作，在考虑较大范围的开放空间时，应与城市规划相结合。在实践中，西方一些城市对开放空间重要性的认识比较早，除了景观和美学方面外，还注意到了生态方面的作用。早在19世纪，美国建筑师唐宁"城市公共绿地是城市的肺"的观点就得到了建筑师和园

林专业人士的支持。同时，西方还把城市开放空间看作是城市社会民主化进程在物质空间方面的重要标志，甚至把它用法律的形式固定下来。如 1851 年纽约通过的为公众使用的"公园法"。随着时间的推移，城市的建设有了很大的发展，但原先确定的开放空间保留地仍然保存无虞，应该说，这是很不容易的。

今天，开放空间作为城市设计最重要的对象要素之一，其以往的公认概念定义今天又有了新的发展。如纽约 AT&T 大厦和国际商用机器公司（IBM）总部也都有内外相通的公众共享的中庭空间，这种空间在形式上虽有顶覆盖，但其真正的使用和意义却属于城市外部公共空间，这一概念的发展为开放空间的设计增加了新的内容。

在城市建设实施过程中，开放空间一方面可以用城市法定形式保留，另一方面体现在日常建设中，更多的则是通过城市设计政策和设计准则，用开放空间奖励办法来进行实际操作，这种办法在美国纽约、日本横滨等城市中的运用都已经非常普遍，其环境改善效果也非常显著。

3.3.3　城市绿化的概念

依据国家现行标准《城市用地分类与规划建设用地标准》（GB50137 – 2011），城市绿地是指"以自然植被和人工植被为主要存在形态和城市用地"，它包含两个层次的内容：一是城市建设用地范围内用于绿地的土地；二是城市建设用地之外，对城市生态、景观和居民休闲生活具有积极作用的、绿地环境较好的区域。城市绿地设计是指导城市开放空间中各类绿地的设计、建设与管理的基本依据，是城市规划体系中不可缺少的组成部分。由一定量和质的各类城市绿地相互联系、相互作用所组成的绿色有机整体便构成了城市绿地系统。城市绿地系统规划是对各种城市绿地进行定性、定位、定量的统筹安排，形成具有合理结构的绿地空间系统，以实现绿地所具有的生态保护、游憩休闲和社会文化等功能的活动。

3.3.4　城市绿化的现状

在我国城市景观建设发展过程中，由于建设时间的差异、建设主体的意愿、建设材料和建设技术的发展，使城市景观绿地建设呈现了"景观破碎、缺乏整合"的现象。无论是新城区开发，还是老城区改造，景观

绿地建设总是会暴露一些问题。

（1）城市景观绿地结构单一，层次性不足。很多的绿地建设只是通过单纯的种植花草树木来完成景观建设，造成景观的生态性和观赏性很差，往往达不到提高人们生活质量的作用。而且景观绿地的层次性不足，绿地景观建设不仅要面向不同年龄、不同身份的人，同时也不能为了突出个别城市景观而忽视更加有益于人们生活的街头小块绿地等。

（2）城市绿地景观缺乏生态性、自然性的规划设计。自然美的事物才具有真实的感情色彩，也更能够使人的感情产生共鸣。但是在现代的城市景观绿化规划设计中，人造的景观往往占多数，缺乏人性化的考虑，很难与周围的自然景观融为一体，形成一个有机的生态系统，使身在其中的人们有情感的触发。

（3）城市景观绿地缺乏生态经济效益。景观绿地规划设计要贯穿于整个城市建设的过程中，但是往往是在人与自然的关系被严重破坏后，才认识到景观系统的重要性，这时人们就会希望通过绿化建设来弥补这种自然的缺陷。这种事后补救的办法不仅破坏了自然景观，需要很长时间来恢复场地的生态活力，而且也消耗了时间和精力。同时，绿地景观应该具有一定的经济效益，一直以来流行的"草坪热"，不仅造成事后管理的难度，而且草坪的持续时间短，可能要经常更换，也增加了经济负担。

（4）城市景观绿地与历史文脉脱节。良好的城市绿地景观有助于塑造城市形象，体现城市的历史发展和文化特色。但是在现代的城市建设发展中，为了盲目地适应现代化的发展，一些具有历史特色的景观被摧毁，传统的文脉、自然的景观被野蛮的手法打乱。这些代表中国历史文化进程的宝物在机器的轰鸣下被掩埋。

（5）城市景观绿地缺乏地方性色彩。"橘生淮南则为橘，橘生淮北则为枳"，这也可以在一定程度上反映地方特性对于事物的影响。每座城市都有适于其地域性的景观建设，但是在很多情况下，为了景观的观赏性，例如强行把只适合南方气候的植物移栽到北方，这样做不仅浪费了资金，而且植物的观赏性和可实用性肯定也大打折扣。

3.3.5　城市公共绿地设计要素

（1）自然景观要素：即森林、花草、天文、地理、

气候等自然因素。在中国传统文化里，城市的自然景观要素很多时候都会被赋予丰富的象征意义。自然要素是构成城市景观特色的基础，这就是古往今来城市建设都十分注重城市选址的原因所在。通过对自然景观要素合理的规划设计与借鉴，以及对其他要素的运用与组合，可以形成对景观的认识与情感。

（2）人文景观要素：即建筑、道路、广场、园林、雕塑、艺术装饰、大型构筑物等人文因素。它们是人类活动在城市地区的历史文化积淀，表现了人类改造自然与自然和谐相处的智慧与能力。人们可以通过直觉、想象、思维等心理综合过程，而产生对人文景观要素的联系、对比。

（3）心理要素：城市景观在很大程度上即城市形象。城市的地标和天际轮廓线，在很大程度上就是给人们感染力的城市形象。城市景观中的色彩构成，也是创造文化性、民族性、地方性和时代性的重要前提。在国内城市景观设计中，常着力于意境的营造，意境就是经由这种心理综合过程而产生的。

3.3.6 城市公共绿地的空间尺度

城市公共绿地设计总体上是由人工构筑物和以植物为主的自然景观所构成的。公共绿地是承载主体，是依照人类行为活动的高度参与的城市开敞空间。因此，人类户外活动需求及其行为规律，是城市景观设计的基本依据之一。人类所表现出的各种行为可归纳为三种基本需求，即安全、刺激与认同。与之相对应，人类的活动也有三种类型：生存活动、休闲活动和社交活动。它们对场所空间和环境的质量要求也依次递增。人类在景观环境中的活动，构成景观行为，并形成一定的空间格局。行为科学的研究表明：有三个基本尺度将景观空间场所划分为三种基本类型，就是空间，场所和领域。

（1）空间：多为 20 ～ 25 米的视距，是创造景观"空间感"的尺度。在此空间内，人们可以比较亲切地交流，清楚地辨认出对方的面部表情和细微声音；其中 0.45 ～ 1.3 米，是一种比较亲密的个人距离空间；3 ～ 3.75 米为社交距离，是朋友、同事之间一般性谈话的距离；3.75 ～ 8 米为公共距离，大于 30 米为隔绝距离。

在城市设计中，景观空间和建筑空间虽然有某些相似性，如两者都是由基面、垂直面和顶面限定的三维空间，人们在建筑、景观空间中进行同样的活动、工作和娱乐，但公共景观空间构成与建筑空间构成有所不同。建筑空间是由三维尺度限定出来的实体，建筑无论是其本身还是其内部空间都是绝对人工化的产物，其几何形非常强；而景观空间是纯粹的自然，景观空间的三维尺度限定比建筑空间要模糊，通常没有顶面或底面或带有部分的人工性，其形态多为不规则，几何性较弱。建筑空间的边界限定明确，人如果在建筑的内部，则对于一个空间的开始及另一个空间的结束不会有什么疑问，间隔空间的墙壁是完全的实体，只是在门或者其他开放的地方相连起来，而且是相邻空间唯一的连接处。相比之下，景观空间的边界就不是很严格的限定，有时很难发现一个景观空间的结束和另一个空间的开始。景观空间常常更倾向于用暗示来分隔限定，而不是用明确的围合物。举例来说，植物材料本身不能像建筑的墙壁那样提供明显清楚的边界，除非它们被修剪成很明确的树篱。很多植物都比较松散，没有固定的形状，这使视线可以穿过看到外面的空间与事物。另外，限定景观空间的元素通常是变化的、不固定的，这也不同于建筑空间的一般墙体；此外建筑空间的另一个特征是在一段时间内，室内围合的感觉和光线都没有太大的变化，尤其是当窗户很小或被封住的时候。而景观空间在一段时间内的变化更富有戏剧性，生长及季节变化对于植物的空间分割能力有很大影响。在某些主要用植物来限定空间的地方，夏天会很封闭；而在冬天，当叶子落光的时候，就会显得很开敞。

（2）场所和领域：超过 110 米视距，才能构成"广场尺度"。因此，如果要创造一种深渊、宏伟的感觉，就可以运用这一尺度，以形成景观环境"场所感"的尺度。城市景观设计，要分析城市居民日常活动的行为、空间分布格局及其成因，根据人类行为的构成规律，分析人的行为动机，进行人的行为策划，并赋予其一定空间范围的布局。

场所是将一群人吸引到一起进行静态或动态的城市空间形式。场所可以成为物体最佳背景或成为特定用途的环境；场所可以支配物体，使事物融于它独特的空间环境中，也可以为事物所主宰，由物体获得某些自身的本质；场所可以设计用来激发既定的情感反应或产生一系列预期的反应，这是场所的特性。场所精神是场所的特征和意义，是人们存在于场所中的总体气氛。特定的地理条件和自然环境同特定的人造环境构成了场所的独特性，这种独特性赋予场所一种总体的特征和气氛，具体体现了场所创造者们的生活方式和存在状况。人若想要体味到这种场所的精神，即感受到场所对于其存在的意义，就必须要通过对于场所的定向和认同。定向是指人清楚地了解自己在空间中的方位，其目的是使人产生安全感。而认同是指了解自己和某个场所之间的关系，从而认识自身存在的意义，其目的是让人产生归属感。当人能够在环境中定向并与某个环境认同时，它就有了"存在的立足点"。任何景观都基于场地，场地最初是一个纯自然的状态，没有任何意义。人的活动使场地发生了根本性的转变，人与场地发生了相互的关系，场地的自然属性和人的活动结合在一起，自然和人文处在共生的体系中，场地就上升为场所，场所的意义也就随之产生了。

领域的空间界定更为松散，是指某个生物体的活动影响范围。对人类的景观感觉而言，建筑空间是通过生理感受来界定的，场所空间是通过心理感受界定的，领域是基于精神影响方面的量度界定的。所以建筑设计的工作边界多以空间为基准，而景观设计或公共空间的边界限定要以场所和领域为基准。

3.3.7　城市绿地的主要构成要素

城市景观总体上是由自然地形、历史文化、人工构筑物、植物绿地为主的景观要素构成的。我们从构成城市景观的物质形态角度将城市景观分为若干要素，要素不同特征的组合反映出一座城市的景观特征，城市绿地设计是通过城市景观设计来美化、丰富城市形象景观特征的重要表现。一般来说，城市绿地的主要构成要素如下：

（1）城市道路

城市交通网络是城市景观组成的重要物质载体，如街道、铁路、河流等。道路交通是城市的主导因素，良好的城市道路景观具有可识别性、连续性、方向性。要突出城市中的景观特征，就要合理地设计道路沿街特殊的景观点、特殊的道路立面等。在城市的道路中，植物种植是增强道路景观最为有效的方式之一。采用绿色植物构成的连续构图和季节变化，如林荫路、滨水路，以及退后红线的建筑绿地，不仅强调了道路本身的特征，而且还可以使道路与周围环境取得良好的协调的景观效果，使城市景观更具有完整性。道路绿地可以采用规则而简练的连续构图。道路作为城市的轴线或透视线，这种道路绿地形式则使道路特征更加突出；也可以采用自然式丛植以打破城市中过多的几何线形，给城市景观增添自然趣味；同时由于城市道路绿地多是采用反映所在城市自然植被植物的种类，所以很容易使城市形成特有的地域特色。

（2）城市边界

空旷地、水体、森林等形成城郊绿地。边界不但在视觉上具有主导性，而且在形式上是连续的。城市中的各种绿地可以作为形成城市边界的主要因素，可以为城市提供一个良好的"自然生态"环境，与城市形成多层的、丰富的大地景观。如在城市边缘若有自然江河湖海等大型水体，就可以利用它作为城市边界，并在边界上设立公园、浴场、滨水绿带等，以形成环境优美的城市景观，让通过水路进入城市的人们产生良好的城市景观印象，如我国的青岛、大连、上海、杭州、厦门等；内陆地区的城市边界多为道路和山林，也可以通过合理的城市绿地规划与城市人工环境项链，形成绿水青山环抱的自然景观，从而增添城市总体景观效果，为形成大地景观创造条件。城市内部的森林、河流形成的带状绿地不仅是城市区域的分解，而且对城市内部各区域的链接部产生了极大的柔化作用，为城市增添了更多使人舒适的景观区域。

（3）城市区域

城市区域不仅具有某些共同的可识别特征，而且能成为外部的参照物，通常可以给人留下深刻而较完整的印象。城市的区域是多样的，不同的空间特征、建筑类型、色彩组合、绿地效果等都可以形成不同的区域景观特征。城市绿地中所谓的区域是面积较大的城市绿地。这样的城市绿地可以影响周边区域特征以及附近的人流方向、交通状况等。在城市中心开辟绿地是非常必要的，这种规划可以形成一种区域的景观效果，成为城市的标志性景观。城市绿地的面积不仅会改善城市的生态环境、色彩质感，而且还会优化城市所在地区的景观特色。

（4）城市节点

城市节点是城市中道路交通线路中的连接点、休息地、汇集点，如街角的集散地或一个围合的广场。重要的节点可以成为一个区域的中心，成为区域的象征。当然许多城市节点具有连接和集中两种特征，在历史发展的过程中形成的城市中心，如政治中心、金融商贸中心，从城市范围讲都是节点。这样的中心地带往往有许多标志物和具有纪念意义的建筑物。在它们的周围划出一定的保护地带，不仅有助于将其永久地保存下来，而且还能使节点成为一个区域性组成要素而丰富城市景观效果。

（5）城市标志

城市的扩张、错综复杂的自然和人为环境生成了很多错综复杂的问题，人们在庞大的城市中不能快速准确地定位，致使人们的方向感迷失。当出现这种情况时，城市中的人们往往会借助特有的标志性物件，来描述自己的处境，寻求帮助，城市标识导向系统恰恰扮演了这个重要角色。广义上它具有有机组织城市空间和人的行为、构成城市的景观、改善交通状况、维持改善生态环境保护、提供场所、提供感受以及诱导城市有序发展等多种功能。如果标识物有清晰的形式，要么与背景形成对比，要么占据突出的空间位置，那它就会更容易被识别，更容易被当作是重要事物。城市标识可以说是做到了穿针引线的作用，将城市的节点联系起来，贯穿其中。导向设计是否合理，都将决定处于此设计氛围中的人们能否真正地去理解并加以合理的运用。

城市地标也是城市标志的一部分。因为在实际的生活中，建筑的任意元素都能诠释其本身的特性，以其庞大的规模占据着城市的核心地位。地标就是指每个城市中标志性的区域或地点，或者能够充分体现该城市（地区）风貌及发展建设的具有象征作用的区域。林奇曾这样说过："一旦某个物体拥有一段历史、一个符号或某种意蕴，那么它作为标识物的地位也将提升"，他深刻地指出了地标不同于一般建筑的意义和内涵。作为标志，它们在各个方向都能被看见，或是与相邻部分形成方向上的对比，但这仅仅是视觉高度上的感受，更重要的是城市地标的形成应该源于建筑本身透露的文化内涵和艺术特质，具有一种文化深度。

3.4 城市天际线

3.4.1 城市天际线的概念

天际线，原先所指就为一般的天地相连的交界线。城市天际线是以天空为背景的建筑、建筑群或其他物体的轮廓或景象，是基于城市全景上的一种外缘景观。它是在城市建设中形成的，承载了城市历史文化信息和自然生态信息，是城市潜在的艺术形象，对加强市民对城市的认同有重要意义。天际线扮演着每个城市给人的独特印象，现今世上还没有两条天际线是一模一样的。在城市中，天际线展开一个广阔的天际景观（多数为全景），因此大城市都被叫作"城市风光影画片"。在许多大都会，摩天大厦在其天际线上都扮演着一个重要角色。而其中包括海港的天际线可说是最完美的。

3.4.2 影响城市天际线的设计要素

城市天际线是在实体与空间对比中产生的，是有层次性的，一般由天空、山脊线、建筑群轮廓线、林冠线、水际岸线等组成，即形成山——城——水的空间层次或立体画卷。当然，在平原城市，如芝加哥，城市天际线就没有山体的参与，而在一些内陆城市，天际线中就看不到水际岸线。

（1）建筑物——建筑单体和建筑群体：城市天际线是城市的一种远景景观，因此当人们观看城市天际线时，往往注意到的是建筑物的群体关系，但在有的城市，会有一个或几个单体建筑在整个天际线中脱颖而出，从而点明了该城市的整体形象如中国银行对于香港的城市天际线、双塔楼对于曼哈顿的城市天际线等。这类建筑多为城市的标志性建筑；因为形态的奇异独特而成为城市天际线的要素的建筑也非常多，恰当利用这一视觉特性是天际线城市设计需要关注的原则之一，但应把握好奇异独特的"度"。

（2）构筑物——桥梁、高塔和大型城市雕塑

在滨水城市，桥梁经常是城市天际线的重要组成部分。而塔自古以来就在城市中扮演着重要的角色，现在很多城市都建造所谓的"身份塔"——代表城市形象与气质。不少城市专门设置观景制高点（自然山丘或者高层建筑观光平台）以使公众能够在高处观赏城市天际线，如法国巴黎、意大利罗马、澳大利亚墨尔本、中国南京等。大型城市雕塑体现了城市的人文精神和内在意蕴。因此大型城市雕塑会使城市天际线变得更富有美感和场所意义。

（3）自然要素——山体、植被和水体
建筑与山体共构的天际线能给予人们一种更加美妙的乐趣，使人们感觉城市的人工环境仿佛是从自然山体中生长出来的。除了直接作为城市天际线的构成

要素外，植被还可能间接地影响城市天际线的观看效果。而水体在城市天际线的构成中占有非常重要的地位，因为基本上可感知的城市天际线都有水面作为前景。凭借开阔的水面眺望城市天际线也是最常见的观景方式。如在南京车站广场视点所看到的以玄武湖水面为前景的南京城市天际线，在上海外滩所看到的浦东陆家嘴高层建筑天际线等。

（4）人工装饰要素

建筑材质、夜间照明光电效果（甚至可以配合以音像手段）等构成的城市天际线也经常是人们对城市体验的重要内容，如经过特别设计的香港港岛城市天际线夜景，悉尼港湾城市天际线等。

3.4.3　城市天际线的形成

城市天际线的形成通常有三种不同的路径：

（1）利用城市特定的地景地貌，通过人工建设形成人工与自然交融的天际线。

（2）主要以人为营建和建筑艺术表现为主的天际线。

（3）出于政治、宗教、军事抑或经济财力炫耀等目的的、经人工建设而形成的天际线。

天际线因其形成原因的多样而呈现不同的特点和特色。

天际线不仅可以彰显城市的特色和个性，帮助人们辨认方位（在古代），给公众以视觉美感上的享受，同样它也会由深度的赏析引发人们的历史追忆和怀旧感叹。

中国农业社会的州、府、县城常常以宝塔、楼阁（如古代的四大名楼）以及垂直尺度较高的庙宇建筑、水平延展的城墙和民居建筑群构成城市的天际线。

在前工业社会的西方城市，则常由教堂及市政厅等公共建筑的钟塔等高耸的建筑构成天际线轮廓的主体。城市天际线如果有幸附之以自然地景则会更具特色。如意大利中世纪古城阿西西，作为圣方济各诞生地的古老圣所，建造在连绵的托斯卡纳地区的山丘上，其依山就势、因地制宜而建造的各类建筑，形成了高低错落、丰富而有序的城镇天际线。

用普通建筑来表达天际线则已经是 19 世纪下半叶的事了，此时美国的芝加哥和纽约等城市先后出现了高层建筑，其对城市外观形象产生了前所未有的影响。工业社会的地标除了新兴的高层建筑外，也可以是高耸的水塔、烟囱、谷仓和电信传输塔。

3.4.4　城市天际线设计的规划原则

天际线赏析主要有下面的品评标准：

（1）美学原则：在空间投影上，城市天际线需要遵循美学的一般规律，但也不能局限于单纯的平面构图，需要合理规划建筑与自然的关系和城市的空间格局。让人们通过城市天际线的观赏，实际感知到美，如优美、壮观、跌宕起伏或者富有层次和韵律感等，这是第一位的。善加利用自然要素是许多城市天际线成功的重要原因。好的城市天际线应该在人工要素和自然要素之间寻求恰当的相关性，通常应该是主从结合，若势均力敌的关系，一般较难获得美的效果。

（2）整体性：空间上，城市天际线应该是城市基地、建筑物、构筑物、自然风貌的有机综合；时间上，城市天际线是城市不同发展时期的沉淀，不能被某一时期的建筑流行趋势所掌控，应该是保护原有特色建筑基础上，建设布局新的建筑。

（3）动态性：城市天际线并非局部的从某一点或某一时间所得到的城市面貌，而是城市在动态发展中的静态展现，必须依据城市整体的风貌规划，着眼城市空间总体布局，优化土地配置，协调建筑形态，引导城市的健康发展，才能将城市的总体发展成果以天际线的形式展现出来。天际线的构成既是一个历史范畴，又承载了城市变迁、成长记录的视觉图像。其中蕴涵着人们关于历史事件、轶事、时代发展等的丰富想象。

（4）综合性：不应以控制指标和技术性艺术化图纸，掩盖城市天际线形成背后的多方利益诉求和历史原因。科斯塔夫说："谁有资格和能力去设计城市天际线？谁能代表公众去决定城市在地平线上的形态？这是一个根本性的问题。"规划设计人员需要在公共调查的基础上，尊重城市发展规律，反映人民的意志和城市风貌，鼓励公众参与，强化法规立法的现实可行性和调控作用。

3.4.5　现代天际线的问题

（1）快速城市建设对历史上形成的天际线造成严重破坏

自从 20 世纪 90 年代以来，我国大多数城市进入快速建设阶段，使得城市原来优美的天际线快速改变，具体表现在两个方面：一是在某些城市，新的建筑群破坏了城市延续了几千年的格局和天际轮廓线，如以前在北京的景山山顶，可以欣赏到整个紫禁城极为壮观的轮廓线，但周围不断增高的新的建筑群则对其造成了部分破坏；二是山体作为城市天际线的重要组成，在历史上一直与建筑群轮廓线等共同构成城市天际线景观，但是有些地方的快速建设无视这种和谐关系，缺乏对城市山水环境的尊重，城市建设常常是"遮山挡水"而非"显山露水"，有的地方甚至形成沿江视墙，严重遮挡了城市的山脊线景观。城市历史上形成的格局和山水环境一旦破坏，就很难得到恢复或恢复的代价会很高。

(2) 现代高层建筑新组成的天际线缺乏特色

现代高层建筑因其体量巨大，标志性强，往往成为城市天际线的主要构成。近20年来，在我国一些大、中城市，高层建筑如雨后春笋般纷纷拔地而起，但并没有给城市带来一个有特色的天际线景观，其主要原因在于：一是很多城市的高层建筑布局"见缝插针"、"天女散花"，虽然城市建设投入过多，但形成的天际线给人留不下深刻的印象；二是高层建筑形式彼此间缺乏协调，尽管单体建筑本身很好，但组合在一起则互无关联或互相干扰，形成杂乱无序的天际线。

3.4.6　城市天际线的景观保护与发展

保护好我们城市的天际线，并不是说一味地不建设高楼，那样也不符合现代化城市的要求。如果说城市是一个巨大的美的容器，那么保留天际轮廓线的美更是一个城市美的底线象征。如何在城市既能够营造出合适的天际线，又能够体现现代化意识，并且能够在两者之间找到一个平衡点，这才是城市管理者应该思考的一个重要的城市建设话题，但是不管怎么说，多些城市建设的天际线意识，也就是从以人为本的角度来建设和谐城市。

城市天际线相关的保护研究主要包括两个方面：一是对城市周边的山峰和山脊线的保护；二是对城市传统天际线景观和历史形成的空间格局的保护，如旧金山对城市传统天际线的保护而采取"建筑追随山形"的格局、蒙特利尔对城市形成和历史演变中起关键作用的皇家山的保护。前者的保护是基于山脊线而展开研究的，后者是基于视廊而展开研究的。对城市及区域自然景观的保护有利于形成与自然和谐的天际线景观，但是也很有可能导致缺乏视觉趣味、单调的"玻璃盒子"等令人失望的天际线。

城市的营造目的，是创造一个和谐的人类生产、生活、休憩的空间，城市的轮廓线是人类城市建设成果最为表象的体现。无论是管理者、建设者还是居住者，都应当更自觉地维护城市的天际线，结合当地地域特点及人文优势将其具象化，使之真正地深入规划、建筑、景观设计的各个阶段，最终形成特色各异的理想城市空间。

第4章
城市形象景观设计的主体系统

4.1 城市街道空间设计

城市街道景观包括城市街道景色和人造的景色，是城市景观设计的重要部分，有人把城市街道景观比喻成城市总体景观的血管，城市的交通运输以及人们的购物和交往活动，都离不开城市街道景观。

城市街道景观格局是城市特色的重要反映，每个城市由于所处地理位置及形成年代的不同，其街道格局也不同。随着城市的发展，城市规模的不断扩大，城市用地不断增加，有的城市在原有的基础上向四周发展，典型的案例如我国首都北京；有的脱离老城在附近另辟新城，典型的案例如山西的平遥县；有的新旧城结合，典型的案例如今天的沈阳城。

不论哪种形式的城市，其街道规划格局都反映着历史的发展过程，记载着重要的历史事件和故事，讲述着这个城市曾经发生的一切。可以说，城市街道记载着城市的历史，蕴涵着城市的文化。

在城市中由于一些有代表性的历史时期所形成的格局，也就确定了该城市的发展形态，由此形成了城市空间布局的特色，从而在市民中形成相应的文化特色，可以说城市街道格局反映了城市的特色。

人们对街道的感知不仅涉及其路面本身，还包括街道两侧的建筑，成行的行道树、广场景色及广告牌、立交桥等，都影响整个街道的形象，而街道景观形象又影响城市的形象。

街道景观质量的优劣对人们的精神文明有很大影响。对于生活在这个城市的人们来说，街道景观质量的提高可以增强市民的自豪感和凝聚力，促进精神文

明和物质文明建设。对于外地的旅游者和办公者来说，由于他们停留的时间较短，而且大部分时间在街道上度过，因此街道就代表整个城市给这些外来人员的形象。

总之，城市街道景观设计是城市景观规划的核心，随着城市的发展，人类对生存环境的要求越来越高，因此，对街道服务水平的要求也在不断提高。这就要求设计者拓宽对街道的研究，适应社会发展的要求。

4.1.1 街道和道路的概念

街道和道路是基本的城市开放空间。它们既承担了交通运输的任务，同时又为城市居民提供了公共活动的场所。克里斯托弗·亚历山大认为在城市设计中正确的考虑顺序是，先是人行的空间，其次是建筑物，最后才是公路。这种顺序体现了城市的本质。道路多以交通功能为主，凯文·林奇认为对大多数被访者而言，道路是城市中绝对的主导元素。道路的可识别性、连续性、方向性、可度量性是其重要属性。同时道路又是实现城市可达性的重要形态。而街道则更多与城市居民的日常生活以及步行活动方式相关。简·雅各布斯认为，街道，连同两边的人行道是城市最重要的公共空间，它们决定了人们对城市的第一印象。当人们提及一座城市的印象时，通常都与街道有关，如中国上海的南京路、北京的王府井大街、广州的中山路，巴黎的香榭丽舍大街，纽约的第五大道等。街道有活力城市就有活力，街道萧条城市也就沉默无趣。当然，街道实际上也综合了道路的功能。

克里夫·芒福汀进而指出，除了作为自然构成元

素外，街道还是一种社会因素，随着社会模式的变化，街道的作用和使用也发生了变化。街道不应当只是被看作是通道，它还是一系列相互联系的地点。

迈克尔·索斯沃斯和伊万·本—约瑟夫分析研究了从古罗马以来的街道发展历程。他们对当前共享街道的理论做出了积极的评价。共享街道是将街道作为一个统一体，人车分享同一个街道空间，但把车放在次要地位。首先是规划出一个人活动的步行解放的空间，然后将汽车交通纳入到这个系统中。它营造出一个亲人、安全的环境，但并不反对汽车。共享街道创造出和谐的社区氛围，使街道成为混合用途的公共空间。对未来的街道，他们没有做具体的设计，而是提出了一些改善、操作的方法、原则和标准（图4-1、图4-2）。

从空间角度看，街道两旁一般有沿街界面比较连续的建筑围合，这些建筑与其所在的街区及人行空间成为一个不可分割的整体，而道路则对空间围合没有特殊的要求，与其相关的道路景观主要是与人们在交通工具上的认知感受有关。

街道景观由天空、周边建筑和路面构成。街道路面则起着分割或联系建筑群的作用，同时，也起着表达建筑之间空间的作用。古往今来的街道路面设计曾尝试运用过各种各样的材料，如石板路、砾石路、沥青路、砖瓦路、地砖路等，这些材料在材质质感、组织肌理和物理化学属性上各不相同，形成丰富多彩的街道路面形式。

4.1.2 街道空间的时代特点

追溯历史不难发现，早期的一些城市是由街道发展而来的，当社会进入商品流通阶段后，在南来北往的交通要道出现时，便由点到线逐渐形成了街道。早在公元1世纪，罗马时代的著名建筑师维特鲁威便在其著名的《建筑十书》中明确指出："城市建筑分为城区、公共建筑和私人建筑两部分，两者之间街道系统的建立是最重要的关键步骤。"

从街道功能方面看，在古代，街道既是交通运输的动脉，同时也是组织市井生活的空间场所。没有汽车的年代，街道和道路是属于行人的空间，人们可以

图4-1　金昌城市形象街道景观设计案例 a

图4-2　金昌城市形象街道景观设计案例 b

在这里游玩、购物、闲聊交往、欢娱寻乐，完成＂逛街＂所需要的全部活动。发展到马车时代，人行与车行的冲突己开始暴露出来，但矛盾并不突出；而到了汽车时代，街道的性质有了质的变化。由于人车混行，人们不得不终日冒着生命的危险外出，借助于交通安全岛专用人行道和交通标识及管理系统等在街道上行走，且不得不忍受嘈杂的噪声和汽车尾气的污染，因而严重影响人们逛街的乐趣。在这种情况下，生活性街道与交通性街道（道路）就不得不分离开来。交通干道上的公共建筑物也不得不开设到背向干道的方向，并开设附属道路。除巴黎、威尼斯等一批著名历史都市外，大多数城市以往那种亲切宜人、界面连续、空间尺度适当的街区组织被现代城市的发展完全取代了。然而，经过多年的发展，人们发现这种做法存在许多社会和环境问题。20 世纪 50 年代末，＂Team. 10 空中街道＂设想的提出者在恢复被人们所遗忘的街道概念，重建富有生活活力的城市社区方面做了有益的探索，20 世纪 60 ~ 70 年代便演变为今天的＂现代步行街区的空间原型＂。1980 年，在日本东京召开的＂我的城市构想＂座谈会上，人们提出了街道建设的三项基本目标：能安心居住的街道；有美好生活的街道；被看作自己故乡的街道。凡此均旨在建立以人为本，塑造街道生活环境。

图 4-3　人是街道环境重要的组成部分

4.1.3　街道空间在人居环境里的意义

伯纳德·鲁道夫斯基在他的《人的街道》中说道：＂街道不会存在于什么都没有的地方，也不可能同周围的环境分开。＂街道，作为一个特定时代特定民族特定文化环境的产物，以其自己特定的生活方式作用于人以至人类社会的存在与发展。人是街道环境的重要组成部分，而中国人的＂父母在，不远游＂，使得街道中的相对固定的人群在环境中起着决定作用（图 4-3）。调查表明，在很多老城，一些街道中的老住户的比例达到了 80% ~ 90%，正是这些老住户的存在，使得人们之间的信息交往变得相对稳定，于是产生了一种亲切宜人的生活氛围。当这个氛围受到了这个环境以外的信息冲击时，或者说当这个环境中自身成分发生变动时，人们往往就表现出一种失落感，表现出茫然不知所从的状态，也就是说传统街道形成的并非仅仅是一种物质环境而是人们无形的生活力量。就生活方式而言，凝固成习俗以后就有了一定的停滞性，甚至可

图 4-4　街道可以形成场所感

以说是顽固性。它并非随生活方式的变革而随之消失，同时往往成为一种惯性力量，或多或少影响了社会的进步。

街道同社会文化、历史条件、人的活动及地域特定条件相结合，获得文脉意义时，便形成了场所感，并且具有传统和文脉价值，因而文脉同场所相辅相成。从类型学看，每一个场所都是独特的，各有各的特征，所以，必须体验其内在的文化联系和人类在漫长时间跨度内所赋有的某种环境气氛（图4-4）。

现代城市街道强调一种以人为核心的人际结合和生态学的必要性，空间形态必然从生活本身的结构、传统文化的结构发展而来。然而，由于诸多方面的影响，城市居民逐渐脱离了自然，离开了街道，集中活动于各种人工材料构成的人造空间中去。千百年来充满生气的城市街道生活日渐减少，人口大量流入城市，使得原来街道和人口两相适应的城市空间顿显拥挤不堪，人口多到以至于找不到空间可以容纳，在现有的空间中，无论它怎样吸引人，人们都不再有可选择的活动。人与环境的协调和相融本属于一种自然结合，而今天却成为人们难以企及的追求。

4.1.4 街道空间构成元素

关于街道空间的类型，是有两种普遍概念的：第一种表现为从原来的整块区域中切割出来，街道空间体被沿街的建筑立面所限定，是一个以周边建筑为整体背景的形体；第二种表现为当城市被看作一个场所时，街道空间在置于其中的三维建筑之间体块流动。在这两种概念里，街道作为三维的空间体快，其空间构成是无法离开周边的建筑和环境的。

街道的空间构成要素可分为：水平界面和垂直界面。

水平界面是指街道的地面，是行人、车辆与街道最直接的接触面，是人车能停留在表面的界面。水平界面是街道空间构成的主要元素，是和人们心理、生理、视觉和触觉上接触频率最高的界面，它决定了街道中各种活动的空间分布，如步行道与车道的划分，休息与活动场所的空间限定等。水平界面的品质和街道界面的布置、尺度、路面材料及质感等有关。良好形态的街道地面不仅能提供便利、安全的交通环境以提高使用效率，而且能丰富城市公共生活和美化环境。

垂直界面，是指街道两侧限定街道竖向空间的界

图4-5 北京奥运形象街道空间景观设计，民族大道鸟瞰图

面，主要是围合的建筑，可能还包括能形成竖向界面的行道树或山体等。街道空间的围合特征主要是由垂直界面所确定，比如封闭、开敞、狭窄等特征。垂直界面的品质主要取决于沿街建筑的形态和布局。垂直界面能对人产生强烈的视觉作用和心理作用，是最难控制的街道因素（图 4-5）。

4.1.5　街道空间分析

4.1.5.1　街道空间尺度

街道空间尺度可以分为水平界面和垂直界面两个构成要素，街道水平距离为空间尺度的首要构成因素，因为水平视线是人常用的观察方式，人的行为活动也多在水平方向上进行。研究表明，不同距离的物体给人的视觉感受和心理反应也同样不同，任何类型的空间都存在一个适当的距离范围，在该尺度内空间是空间特性最符合且最适宜的。对街道空间来说，20 米是一个比较适当的横向尺度，10 米或小于 10 米则能产生亲切感。过大的街道距离则会产生疏远和排斥感，导致空间冷漠。这是现代城市许多街道的通病。

街道空间的垂直高度比街道的水平距离更能界定街道空间的围合性。街道空间这一维度主要通过街道建筑等三维实体来体现。按照布鲁曼菲尔特的《城市规划中的尺度》，建筑物与视点的距离（D）和街道两侧建筑物的高度（H）之间的关系、建筑物与视点的距离（D）和街道两侧建筑物的宽度（L）之间的关系在很大程度上决定了街道空间的形式和构成。不同的高度与水平距离的关系能导致不同的视觉效应。

当 H/D ≥ 1 且 L/D ≥ 2、建筑和视点距离在 30 米以内、仰视角大于 45°时，在这三个条件规定的限度内，一方面人们可以看清楚建筑的颜色、细部乃至材料的质地纹理和浮雕装饰，留下深刻的印象，但需抬头才能看到建筑的整体。有时会受到建筑紧逼的不舒适、不愉快的感觉。

当 1>H/D>1/2 且 2>L/D>1、建筑和视点的距离在 30 米～300 米之间、仰视角在 30°和 45°之间时，是观察者看建筑最合适的距离。可以舒适地看清建筑的整体形象和基本面貌，可以感受到建筑与所在环境的关系，获得全面而清晰的印象，达到人与建筑的均衡状态。

当 1/2>H/D>1/4 且 1>L/D>1/2、建筑和视点的距

离在 300 米～600 米之间、仰视角在 30°和 60°之间时，观察者只能看清一群建筑的整体及其背景。空间开阔舒畅，只能看见建筑的大轮廓以及建筑的环境关系，一般只能感受到浅薄的印象。

当 H/D<1/4 且 L/D<1/2、建筑和视点的距离在 600 米以外、仰视角小于 15°时，在这三项条件范围外，只能看见建筑的天际线（靠天空的衬托），较矮的部分大都被遮挡。除非高度大大超过周围建筑，造型特别突出，颜色和周围环境对比特别强烈，一般恐怕很难以引起人的注意。

在实际的布局中，当比值为这三个数值时，道路两侧的建筑布局通常最让人满意。当 D/H=4 时，路侧的成排建筑物在视角中成为一条景带，相互的作用会很弱。此时若道路上没有植被或地形，街道就会显得空旷，围蔽感会很弱。因此，适宜的街道空间尺度是依靠街道水平距离和垂直高度之间的关系设计的，并且也是借助于人的视觉和心理等诸多因素共同实现的。

日本建筑师芦原义信在著作《外部空间设计》中提出一套空间尺度参数：一是称为"十分之一"的空间理论，把内部空间和外部空间的尺度建立在一种关系上，即外部空间的尺寸采用内部空间尺寸的 8～10 倍，如住宅的开间尺度是 3～4 米，其外部的公共及绿化空间则界定在 30～40 米之间为宜；二是"外部模数理论"，即每 20～25 米的外部空间尺度为一模数，原因在于这个模数与人的正常识别距离相吻合，是人们面对面交流和接触所需的尺度范围。这两种街道空间尺度关系对人们在街道中的社会交往和日常生活有重要的意义。

4.1.5.2　街道空间比例

芦原义信在著述中这样写道：以 D/H=1 为界线，这时建筑高度与间距会形成某种均衡，其 45°的锥形视野可以覆盖对面建筑从底面到顶面建筑的全部立面，但还不能超越对面建筑物的高度，因而依然具有高度的围蔽感；从底面当 D/H>1 时，随着比值的增加，街道空间会产生扩大远离的感觉，当 D/H<1 时，会产生缩小近迫之感，再靠近就会产生一种封闭恐怖的现象。一到 D/H<1 时，其对面建筑的形状、墙面材质、门窗大小及位置、太阳入射角都成为应该关心的问题。换句话说，也就是当 D/H<1 时，就成为总平面规划上必要的事情了。

4.1.6 街道空间设计要点（图4-6、图4-7）

城市街道空间的景观设计，就是在合理的功能定位下，如何将街道景观各种构成要素进行有机地组合和设置以及空间和功能上整合，达到设计者的意图，使街道空间的使用者获得心理和精神的愉悦、共鸣。在此原则的前提下，可以从以下几个方面探求街道景观设计的要点。

（1）连续性：众多的城市设计理论都已指出，好的街道景观应具有连续而明确的界面。巴黎的香榭丽舍大街是公认的世界上最美丽的大街之一。对于其街道宽度、两侧建筑的尺度、立面形式等方面的定制，

从1853年豪斯曼对巴黎市中心进行大规模改建时就已形成。一个多世纪以来，这种连续统一的界面、令人赏心悦目的景观始终保持完好。但是在大多数情况下，随着社会经济的发展，现代化的建筑侵入城市中的传统区域仍然不可避免。那么，连续而明确的界面景观如何设计呢？

在许多城市的街道改建中，原先尺度宜人的空间被完全破坏，取而代之的是空旷的街道，一幢幢仿古低层建筑与现代的高层办公大楼交错布置。空旷的街道将高楼大厦孤零零地显现在建筑轮廓之中。街道界面不连续了，原先那种致密而富质地、连续而有韵律

图4-6　金昌城市形象街道景观设计实例 a

图4-7　金昌城市形象街道景观设计实例 b

的城市景观被打断了，呈现出一种混乱而无序的场景，让人有些不知所措。而高层建筑几乎每幢建筑都有独特的体形，都设置各自的广场，或圆或方，或凹或凸，或在正面或在转角。虽然大多数高层建筑的裙房都用作商场，但人行路经常会被办公入口、停车场所打断。我们知道，只有连续而明确的界面才是使街道乃至整个城市景观具有可识别性和可意象性的最有力的因素。这种连续性和明确性体现在街道两侧建筑的高度、立面风格、尺度、比例、色彩、表面材料乃至广告、店招的位置样式等方面。不同性质的街道，其界面自然具有不同的特征，如果这种特征沿路不断出现，那么街道景观就将以连续统一的构成而令人难忘。

图 4-8　金昌城市形象设计 a

（2）艺术处理：许多历史城市不仅在街景艺术处理，如曲折、进退、对景、框景、节律等方面，而且在街坊与建筑，以及与步行空间的配合上都做得很好。在节点的处理方面，将街道交叉点或转折点处扩大形成广场，是很常见的处理手法。这不仅可以更好地组织交通，还可以利用广场的雕塑、小品等处理，加强地点性和可识别性；沿连续的街道空间局部扩大，不仅有利于街道空间的收放，增加空间层次感，同时可以吞吐吸纳人流，形成空间的集聚点，这种空间往往和重要公共建筑的入口广场相结合。此外，街道转折时的对景以及门式景观创造等都需要仔细推敲和斟酌。此外，合理地安排视线通廊也是丰富街道景观层次提高节点处理想景物的视觉频率的重要手段。

图 4-9　金昌城市形象设计 b

（3）要素的协调性：为了强化街道景观的整体性，在街道景观构成要素协调性方面的处理，一般包含三个层面：第一层面是对作为景观载体的街道与城市的关系进行协调，也就是对街道的功能进行合理定位；第二层面是街道景观两大构成要素之间的协调，即各物质构成要素与时代文化环境与价值取向的协调；第三层面是街道两大构成要素下各自要素之间的尺度，位置，功能，感受（色彩、肌理、形态、印象等）之间的协调（图 4-8、图 4-9）。

功能定位合理直接决定街道景观设计的成败。在北京市前门大街的改造中，最初的保护修缮目的没有完全实现，现在的前门大栅栏成为了"仿民国一条街"，抛弃了老商业街的艺术价值和历史价值，既不是民国风貌也不是仿古风貌。但即使这样后现代的建筑元素也掩盖了仿古建筑、仿民国建筑的意象，失真程度极大，历史风貌踪迹难寻；改造后的前门大街在空间序列的

图 4-10 北京奥运形象奥运大道景观案例鸟瞰效果图

图 4-11 北京奥运形象奥运大道景观案例鸟瞰实景

处理方面不足。两侧的建筑没有像最初设计构思中提到的"扩展街巷、胡同及重要建筑前的空地",缺少进退的变化,空间感单调与建筑界面基本完全封闭,不利于营造良好的街道空间。这些都说明合理的功能定位是优秀景观设计的先决条件。功能定位不合理,直接就决定着各物质构成要素与时代文化环境以及价值取向的组成也不会和谐(图 4-10、图 4-11)。

各子要素与人的尺度更加接近,与人的关系更为密切。它们直接决定着街道自身的形象,其形式、色彩、尺度、纹理及与周围环境是否协调等,都给人们提供最直接的视觉感受,并影响到城市空间的景观质量。因此,各要素之间应形成一个系统,拥有统一的母题,例如每个店面和门面装修风格的统一,沿街牌匾的尺度、作法、色彩、悬挂高度、距地尺寸,以及霓虹做法、金属卷帘栅栏造型、空调散热器位置等的具体要求,都关系到街道的总体环境效果。更重要的是,这些细部设施的配置应该是有规律的,而不是随意乱放的。

(4)设施的配置与整合:设施的功能并不是独立的,往往是复合的,而且从景观要求出发,因此它们都应具有审美性的要求。通过对设施的整体考虑和设计,可以使街道景观更加丰富宜人。它可以塑造城市街道景观的特色,使空间引发活动,使活动强化空间;它可以明确地界定人、车的使用空间,使它们互不干扰而又能紧密地转换;它可以塑造活动空间品格,强调空间的运动感或滞留性,以促发不同性质的动态与静态活动。同时具有某些相同功能的设施应整合而形成有机的统一整体,例如灯箱广告和路灯的整合、座椅和花坛的整合、空间界定的小品与绿化的整合等。

4.1.7 街道空间构成要素的设计手法

街道空间构成要素包括水平要素和垂直要素,它们共同决定了街道的空间形态,限定了街道空间的范围。这两个要素存在着某种互动的关系,立面和立面层次影响着街道的体量,建筑的体量限定了街道空间的平面形状。如果我们在设计这些要素时,有意识的研究这些要素的形态、尺度、比例、质感、颜色和相互之间的紧密关系等,将有助于创造街道外部空间的整体秩序,达到满意的空间效果。

4.1.7.1 街道的水平要素

行为空间的水平要素往往为我们的行为确定了路线,影响着我们最直接的感受。水平要素是街道空间中与人们直接接触的界面,它有划分街道空间区域、组织人流与活动和强化景观视觉效果等作用。基于人的视觉规律,人们总是习惯于注视着眼前的地面,其构成材料的质地、平整度、色调、尺度、形状等为人们提供了大量的视觉信息。此外,人们在步行街中行走或休息时,总是希望获得最便捷、最安全、最舒适的感受。但在我国一些步行街的设计与建设中,很多街道空间缺乏统一而细致的考虑,极大地影响了城市空间的水平与档次。针对这种情况,我们认为应当采

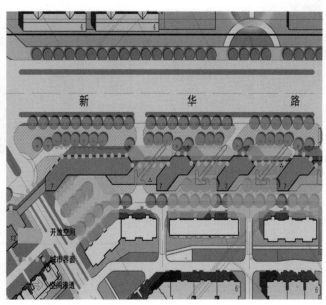

图 4-12 金昌城市形象设计街道平面分析 a　　　图 4-13 金昌城市形象设计街道平面分析 b

取以下方式进行设计（图 4-12、图 4-13）：

（1）便捷性设计：人在活动中总是有自己预定的路线，人们实际的行走路线总是尽量去吻合预定路线的，除非有强制性的外在因素的干涉。一般情况下，如果看到前面的目的地，人们总是希望可以以直线走过去，这就是禁止践踏的草坪上出现小路的原因。在道路平面设计中应该详细研究人流路线，避免不必要的通行障碍。

（2）安全性设计：在街道空间环境中，除了受气候的影响，还可能由于拥挤带来不安全的影响，耐磨、防滑是水平界面铺装的基本要求。另外，高差的处理是水平界面安全设计的主要内容，地面标高的变化意味着是否可以自由地通行，台阶和小踏步、高低变化强烈的地面对于各种车辆来说意味着"拒绝进入"，而平坦的街道却意味着可以接受慢速行驶的车辆——如观光车、轮椅的行驶，同时也暗示着行人可以毫无顾虑地在街道上漫步甚至小跑而不会受到伤害。但由于人们在前往目标时的"捷径效应"，过分的地面高差变化反而不会引起人们的前往。而且在步行交通必须上下起伏时，坡道的使用与台阶的使用会产生不同的效果，台阶会将人们的步行节奏和行进方向打断并调整，而坡道则使得步行的节奏感、方向不至于受到影响。因此，在条件允许的情况下，要采用缓坡来处理高差，必须注意的是过大的坡度往往比台阶更加危险，坡度应该铺设粗糙路面或增加防滑条。在需要的

图 4-14 金昌城市形象街道铺装设计效果 a

图 4-15 金昌城市形象街道铺装设计效果 b

图 4-16 北京奥运形象街道垂直景观，道旗立面图和摆放位置图

情况下，要采用警示设施，以免造成行人疏忽而跌倒。

（3）舒适性设计：步行时对于路面铺装材料是相当敏感的。卵石、沙子、碎石以及凹凸不平的地面在大多数情况下是不合适的，对于那些行走困难的人更是如此，这些材料只可用来作为以局部铺地材质的变化划分空间时使用。人们在天气不好的时候总是尽可能绕开潮湿的路面，避免踩到雨水、积雪和泥泞；在炎热的夏天总是避免在灼热的地面上行走。因此，道路水平界面和主要人流方向保持一致，将会让人感觉更加舒适（图 4-14、图 4-15）。

（4）观赏性设计：地面铺装要尽可能表现和加强场地特性，反应设计意图。材料的色彩和图案组织是地面铺装中最主要的美学因素。和谐的色彩和多变的肌理效果既可以表达设计时的设计意图，又能增加铺地的景观效果和观赏性；将不同色彩、不同质感的铺地艺术与导向系统结合，则会产生别样的效果。

（5）地域性设计：地面铺装应多采用具有地方特色的材料。地方材料不但采集方便、制作生产、施工

维护技术流程完善，有利于保证施工质量和降低造价，而且有利于营造地方个性的空间环境，反映城市的文化、历史背景，符合当地人们的使用习惯和审美习惯，表现当地的文化内涵，更容易获得广泛的认同。

4.1.7.2 街道的垂直要素

垂直要素是人的视线首先接触到的界面，其形式、尺度、围合方式等直接塑造着街道的空间形态，也是道路设计形成鲜明形象个性的关键因素。垂直界面是由沿街建筑、构筑物立面集合而成的竖向界面。

芦原义信在《街道的美学》一书中，把决定建筑本来外观的形态称为建筑的"第一层轮廓线"，把建筑外墙凸出来的招牌和临时附加的装饰物等构成的形态称为建筑的"第二层轮廓线"，认为由"第二层轮廓线"构成的街道是无序的、非结构化的。因此，它提出要极力限制"第二层轮廓线"，通过将构成"第二层轮廓线"的物体设计成同样大小并有秩序排列的方式，力求把它们组合到"第一层轮廓线"中。从目前许多大中城市的街景来看，建筑立面是步行街空间

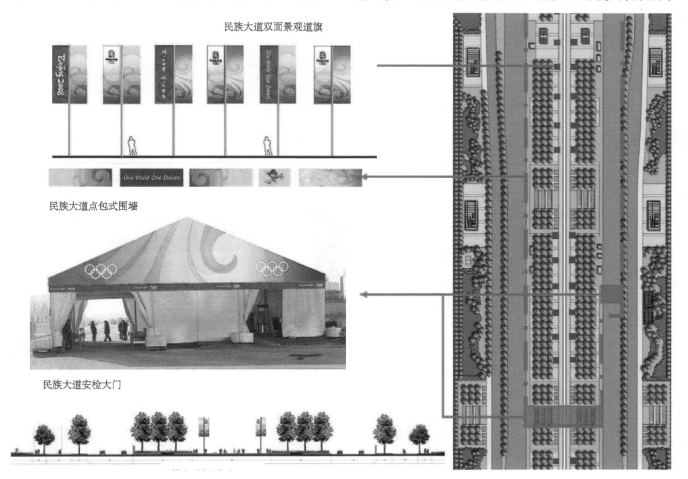

图 4-17　北京奥运形象街道垂直景观，民族大道剖面图和景观旗摆放位置图

75

垂直界面的主体，不同的建筑立面形式将产生不同的空间效应。但花色繁多的各种招牌、广告造成街景的杂乱无序，使视觉产生混乱，遮挡了建筑立面，严重影响街道的视觉效果和空间感觉。我们应把构成街道垂直界面的要素如建筑体量、比例、尺度、色彩、细节等一一对应，来加强整体识别和形象识别。

垂直界面中的细部处理主要体现在垂直界面的平面构成、材质和色彩的细化分割及对比上，这些要素直接决定了虚实的对比和空间通透的连续程度；开口深度、大小等的对比可产生强烈的视觉张力，并形成丰富的光影变化、多样的立面表情。界面上的线脚装饰，主体的凹凸变化都是对界面主体尺度的再划分。

垂直界面中与人体联系最密切的是与水平界面相交的部分，也是表现细部和说明尺度的地方。水平界面常常能起到承转连接的作用，因此这部分的细部处理直接影响到人的视觉、触觉以及嗅觉的感受，那么对人们感受最强的水平界面设计将是"以人为本"的重要体现。广告招牌通常安排在步行者的视线聚焦点上，并由于其色彩突出，通常考虑了夜晚照明，是构成街道垂直界面底层的重要要素（图4-16、图4-17）。

图4-18 金昌城市形象街道步行街设计

4.2 城市步行街（区）

4.2.1 城市步行街（区）概念

步行空间是城市开放空间的一个特殊类型，是现代城市空间环境的重要组成部分。对于城市步行街（区），存在着不同的理解。从景观设计的层面，步行空间是由空地、公园、广场、喷泉、林荫路、散步道、车道和休息场所等组成的线性序列，它在城市中心各个节点之间起到联系组织的作用；对交通规划而言，城市步行空间承担着出行交通的功能要求，在城市中逐步形成一个有机的、多功能的、连续的公共空间，把城市的各种商业服务、文体休憩、交通（枢纽）设施以及居住区联系起来；从城市景观设计的角度来理解，城市步行空间可包括步行街、步行广场、天桥、过街楼、地道等。城市步行空间之间的相互协调和配合，无论从空间的安排、流线的组织、环境的设计、法规的设定还是从交通管理方面都要保证人们可能以步行的方式在城市场所之间来去自如、方便直接地进行各种活动。城市街道中的步行空间是否具有高质量、

图4-19 北京奥运形象景观下沉步行街1号景观效果图a

图4-20 北京奥运形象景观下沉步行街1号景观效果图b

高水平和高舒适性，是大多数从事城市街道景观设计的工作者关注的焦点（图 4-18）。

步行街（区）是组织步行空间的重要元素。步行街包括步行商业街、空中的和地下的步行街（道），其中步行商业街是步行系统中最典型的内容。组织好步行空间，能改善城市的人文和物理环境，促进商业的发展。步行街是支持城市商业活动和有机活力的重要构成，而确立以人为核心的观念是现代步行街规划设计的基础（图 4-19、图 4-20）。

实际上，步行街反映了现代人对以往那种生机勃勃的街道生活的向往。随着新型步行街的建立，人们对步行街购物条件的关注已经转到了对交通条件的关注。欧洲大陆的荷兰、德国、丹麦等国最早发展了"无车辆交通区"。今天欧洲许多城市，如瑞士的苏黎世、德国的法兰克福、斯图加特、慕尼黑、埃森等，都建有设施完备、与城市主要对外交通节点联系方便的步行商业街。近年我国也掀起了步行街建设热，并先后建成了上海南京路、北京王府井大街、苏州观前街、中山孙文西街等步行商业街（区），不仅改善了这些城市的商业购物环境，而且还建立了新的城市形象。

概括起来，步行街有以下优点：

（1）社会效益——它提供了步行、休憩、社交聚会的场所，增进了人际交流和地域认同感，有利于培养居民维护、关心市容的自觉性。

（2）经济效益——促进城市社区经济的繁荣。

（3）环境效益——减少空气和视觉的污染，减少交通噪声，并使建筑环境更富于人情味。

（4）交通方面——步行道可减少车辆，并减轻汽车对人的活动环境所产生的压力。

4.2.2　步行街（区）设计的基本要求

（1）符合城市总体的发展和管理要求

步行街的规划设计与建设，都应该与城市交通、商业、景观等取得高度的协调，并使它对城市改造、旧城保护、保持和发展城市历史文脉、提升城市形象起促进作用。

步行街作为一种基本的城市生活活动空间，不论在城市机动交通如何发达的情况下，都不应该削弱它在城市生活中的意义。从城市规划角度看，步行街区是一种中心型的步行空间，只有通过规划才能与其他步行网（如住宅区内的步行空间、广场、公园绿地等）

图 4-21 北京奥运形象景观下沉步行街 1 号景观效果图 c

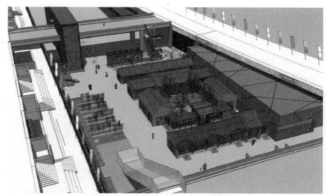

图 4-22 北京奥运形象景观下沉步行街 2 号景观效果图

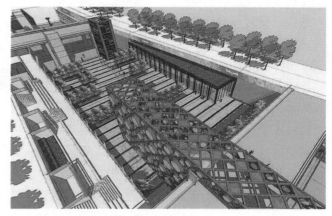

图 4-23 北京奥运形象景观下沉步行街 3 号景观效果图 a

图 4-24 北京奥运形象景观下沉步行街 3 号景观效果图 b

连接起来，这样才能改善步行街的条件，确定其合理规模，并可以分流人车。

（2）解决交通问题

这是建立步行街的基本出发点。首先要着眼于交通布置，既要居民能方便地利用各种交通工具快捷地到达，又要求分流人车，即保证人群方便集散、货物方便运输，并能满足消防、防震等抗灾应急的需要。

为了能利用公交最便捷地到达步行商业街区，步行街区的入口应和公交车站点密切配合。主要入口宜选择在几条公交路线车站服务半径的交汇处。

汽车和自行车的静态交通即停车问题。考虑汽车未来的发展，需要设置足够使用的停车场。

（3）提高环境舒适性

为创造充满情趣、富有人情味、轻松愉快的空间气氛，设计应以安全、便捷、优美与景观良好，相互协调为目标。步行者可以在街区内随时了解自己所处的位置，以明确步行方向和购买所需的物品，观赏不同的景观（图4-21～图4-24）。

由于人在步行空间中行动缓慢、思维敏感、视野不定，为此对周围环境要求较高。如对步行街路面的要求，应从颜色、材料质地、图案等多方面考虑，以创造出步行空间的气氛，并注意和建筑物相互协调。

由于人在步行中的行为可分为必要行为和随机行为两种，前一种表现有明确的目的性，它不需要环境提示或不受外界因素的干扰，即使环境不顺和外界条件不好（如气候不好等），它也照样进行。例如去某商店购物或站着候车等。随机行为则无一定的目的，如走走看看，发现某事而围观等。这种行为需要外界因素的影响和特定环境的提示才会发生。步行者必要行为和随机行为使其活动表现出多样和难以预料的特征。一般来说必要行为的目的性越弱，随机行为产生的机会就越多。为了适应这两种要求，在步行空间设计中，不管采取何种形式，都宜有"道"和"场"两种空间组成，与这两种空间对应的行为是"动"和"驻"。"道"空间狭长，产生延续和流动的感觉；"场"空间宽广，产生安静和滞留的感觉。步行街的设计就是要在适于运动的"流动"空间附近设置一些"滞留"或"半滞留"空间，如街道旁分散设置的休息场地，以满足步行者随时产生的停、坐、闲谈、休息、饮食等需要。从某种意义上说，在步行街中人的随机行为里的需求被满足得越充分，人在环境中感受到的舒适

要改善步行街的环境品质，就必须对步行街中的各种人的行为方式有所了解和研究，这样才能从人的使用角度出发、创造出"以人为本"的空间环境。

在步行街道空间中，人们可以在慢速的步行活动中通过丰富而生动的心理体验来实现精神上的满足，在亲切的尺度中进行交流与接触。步行街中，人们的行为方式多种多样，如购物、表演、游戏、聊天、观看等。我们可以将活动方式大致分为三种：步行活动、休息活动、停留活动。

（1）步行活动。步行活动是最自由、最基本的活动，对外部环境的要求最低，这种行为对空间的要求就是通畅。步行街中的各项活动都是在此基础上展开的。在购物步行中，人们习惯边走边看，因而一般速度较慢。另一特点在于，人们喜欢靠近街道边界直线行走，以期观看到靠近一侧边界的景物和商品，很少有人喜欢在街道中间行走，因此步行街中间的行人密度相对较低（图4-25）。

图4-25 北京奥运形象景观下沉步行街4号景观效果图a

图4-26 北京奥运形象景观下沉步行街4号景观效果图b

度就越强。

4.2.3 步行街（区）的设计要点分析

4.2.3.1 行为方式分析

（2）休息活动。人们在步行一段距离或时间后，都需要休息一会儿。这些休息活动有时独立发生，有时会结合餐饮、交谈、观看等活动同时发生。人们在经历了长时间的步行后，不能进行休息活动，疲累之下，只好选择离开。这就大大地降低了空间环境的吸引力。所以在步行街中应设置专门的休息场所和设施。

（3）停留活动。停留时一般会有以下几种情况：等候、逗留、观看及挑选商品，停留活动往往伴随着社会交往活动而产生。人们选择驻留地点的原则是寻找半公共半私密的空间，街道中的树木、灯杆、柱子、墙角等对空间有一定的限定作用，往往成为人们选择停留依靠的地点（图 4-26）。

4.2.3.2 空间设计分析

（1）宜人的尺度。街道空间设计是商业街成败的关键。商业店铺的集中形成了室外购物、休闲、餐饮等功能空间，这就是商业街的本质——室内商业活动沿店铺的街道空间向室外延伸。由此决定了其设计的核心就是让空间变得有用而舒适，为商业活动中的人服务（图 4-27）。

建筑物的尺度设计是影响人对建筑空间感受的关键要素之一。商业街的理想气氛应该是使人觉得亲切、放松、"平易近人"。商业街的尺度应该以行人的活动为基准，而不是以高速过往机动车为参照。购物行人所关注的纵向范围主要集中在建筑一层。对一层以上的范围几乎是"视而不见"。而横向关注范围就在 10 ～ 20 米之间，至于超过 20 米宽的商业街，行人很可能只关注街道一侧的店铺，不会在超过 20 米宽的范围内"之"字前行。相反，国外商业街设计之所以经常被作为样板，与国外商业街的小体量、小尺度的人性化设计分不开。国内的设计容易偏重于气派、豪华、厚重和"店大欺客"的形象、气势。

（2）个性空间的塑造。建筑个性大多是由色彩、大小、档次、风格、软性材料等来决定的。商业街的个性要求来自于其自身的建造目的——商业活动。就像纪念馆讲究凝重、科技馆讲究新潮一样，商业街讲究多元化的繁华效果，空间与功能要有紧密的配合。商业街的魅力就在于繁杂多样的立面形态的共生。这

图 4-27 金昌城市形象商业步行街设计

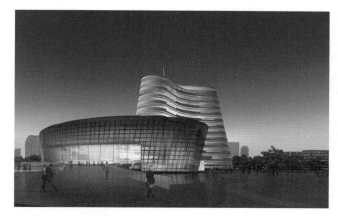

图 4-28 金昌城市形象商业建筑设计

图 4-29 金昌城市形象商业空间设计

也是商业街与大型百货商厦的区别。因此，商业街仅仅做街道和建筑还不够，还要充分考虑室外空间的形态 哪里是过渡，哪里该发散，哪里让人停留，高差如何，动静分区是怎样的等，我国一些商业街习惯人为地将其空间划分，反而影响了其个性的发展。而英国爱丁堡的王子大道，通过几个路口的自然分段后，再通过特色店面将街区自然划分，这就比较成功了（图4-28）。

(3) 空间的三维界定。人在商业街内的活动和感知空间是三维的，设计师对街道的长度方向、宽度方向和高度方向都应有针对性的设计，不限定它，就不成其为一个空间。走进一个商业街，就一定要告诉消费者哪里是开始，哪里是结束。当然，商业街的长度随商业的规模而定，没有一定之规。但室外建筑空间根据心理感受模式，应该是一个合围的、具有向心的、聚合力的"积极空间"，避免发散的、通过性的、难以聚合人气的"消极空间"。作为商业街这样一个有聚合要求、需要行人购物休息、能够驻足停留、感受观赏环境的场所，它必须是一个通过建筑手段塑造形成的"积极空间"。因此，在商业街的两端需要某种形式的空间标志物和限定物，标志着商业街的起和终，同时也起到把车行交通空间同步行购物空间隔离的目的。这一手法避免了购物者在大市场内常有的混乱与迷失感（图4-29）。

商业街空间高度方向的限定应遵循以行人为模数的原则，并考虑二次空间的应用。住宅区的商业街经常是同住宅建筑合二为一的，也就是常说的底层商业。顶部住宅，特别是高层建筑因与商业建筑个性不同，与商业街的建筑设计手法必不相同。多层、低层住宅如有可能，在尺度和色彩上适当加以商业特点能提高商业街与住宅的整体性；在首层商业与二层住宅之间用雨罩、骑楼、遮阳等形式将商业空间与居住空间在室外区分开是必要的。这既能降低噪音和视觉干扰，也可使上下不同的建筑个性有一个明确的区分带。这样的空间划分手段能将建筑主体所形成的外部空间划分成次一级的二次空间，正好适应购物行人的尺度，无论建筑主体有多高，购物的空间都能给人以稳定的舒适感（图4-30、图4-31）。

4.2.3.3 其他应注意的方面

(1) 对弱势人群的关怀 。在步行街的建设中，对特殊活动人群的关注程度从一个侧面反映出步行街空间的质量。在日常的户外活动中，存在着一个弱势

图4-30 北京奥运形象景观下沉步行街6号夜景效果图d

图4-31 北京奥运形象景观下沉步行街6号夜景效果图e

图4-32 北京奥运形象景观下沉步行街6号夜景效果图f

群体——包括老人、儿童以及行动不便的人士，他们对室外活动环境的要求较高。儿童与行为不便者在街道活动中是需要他人特别关照的群体，他们的活动对空间安全性、舒适性、畅通性等有较高的要求。在步行街中，应为盲人设置专门的盲道。

（2）步行街内部的交通管制。步行街的交通管制应该根据具体情况分析。一般来讲，步行街的长度500 米以下，是比较理想的步行距离。在步行时段应禁止非机动车进入步行街，并在步行街路口的适当位置安排机动车与非机动车的停放场地，因为自行车与客运三轮车的大量涌入破坏了步行环境；大量自行车停放在路边，违章占道，破坏了步行街的使用环境；在步行街内飞驰的自行车也给闲庭信步的行人们以不安的感觉。非机动车交通完全可以疏散到邻近的街道上。当步行街的长度达到 700 ~ 1000 米时才有必要考虑自行车的进入。公交车可根据实际道路宽度等情况考虑是否设置。

（3）保护历史文化特色。从目前国内外步行街建设的历史和实践来看，其建设不但是振兴城市商业的有效手段，更是旧城改造中保护传统历史街区的良策。因此，步行街的改造重点也在于如何在建设现代城市商业环境的基础上保持并发展原有街道既有的历史文化特色，增加步行街的文化吸引力，形成极富特色的城市人文景观，以深厚的历史文化内涵来感染人、吸引人，促进中心区的商业繁华，塑造出具有魅力的城市空间环境。

4.3　城市广场空间

4.3.1　城市广场的历史沿革与概念（图 4-33~ 图 4-35 ）

城市广场是城市中为满足市民生活需要而修建的，由建筑物、道路和绿化等空间元素包围而成的、相对集中的开放空间；并且具有一定的主题思想，是城市公众社会生活的中心，也是主要的开放空间类型之一。

从西方看，真正意义上的城市广场源于古希腊时代。由于当时浓郁的政治民主气氛和当地温和适宜的气候条件，所以人们喜爱户外活动，这就促成了室外社区交往空间的产生。希腊城市广场，如普南城的中心广场，是市民进行宗教、商业、政治活动的场所。

图 4-33　城市广场在城市中起着集散人群的基本作用

图 4-34　卡比多广场

图 4-35　圣马可广场

古罗马建造的城市中心广场开始时是作为市场和公众集会场所，后来也用于发布公告、进行审判、欢度节庆等的场所，通常集中了大量宗教性和纪念性的建筑物。罗马的图拉真广场中心有图拉真皇帝的骑马铜像，广场边上巴西利卡（长方形会堂）后面的小院中矗立着高43米的图拉真纪念柱，柱顶立着皇帝铜像，用以炫耀皇权的威严。公元5世纪欧洲进入封建时期以后，城市生活以宗教活动为中心，广场成了教堂和市政厅的前庭。意大利锡耶纳城的开波广场就是一例。

中世纪的广场多见于意大利地区，几乎每一座城市都拥有自己的广场。随着教堂、修道院或市政厅的兴建，城市中极度需要一种开放空间，以同周边建筑的功能相匹配。

15～16世纪文艺复兴时期，意大利地区出现了一批著名的城市广场，如罗马的圣彼得广场、卡比多广场等。后者是一个市政广场，雄踞于罗马卡比多山上，俯瞰全城，气势雄伟，是罗马城的象征。威尼斯城的圣马可广场风格优雅，空间布局完美和谐，被誉为"欧洲的客厅"。17～18世纪法国巴黎的协和广场、南锡广场等是当时的代表作。这些广场大多具有较好的围合性，规模尺度适合于所在的城市社区，地点多位于城市中心（图4-36）。

19世纪后期，城市中工业的发展、人口和机动车辆的迅速增加，使城市广场的性质、功能发生新的变化。不少老的广场成了交通广场，如巴黎的星形广场和协和广场。现代城市规划理论和现代建筑的出现，交通速度的提高，引起城市广场在空间组织和尺度概念上的改变。

现代城市广场的概念又有了突破性进展。《城市规划原理》是从功能的角度这样提出概念的："广场是由于城市功能上的要求而设置的，是供人们活动的空间。城市广场通常是城市居民社会活动的中心，广场上可组织集会、供交通集散、组织居民游览休息、组织商品贸易交流等。"

克莱尔·库珀·马库斯在《人性场所》中认为：广场是一个主要为硬质铺装的、汽车不能进入的户外公共空间。其主要的功能是漫步、闲坐、用餐或观察周围的世界。与人行道不同的是，它是一处具有自我领域的空间，而不是一个用于路过的空间。当然可能会有树木、花草和地面植被的存在，但占主导地位的是硬质地面，如果草地和绿化区超过硬质地面的数量，

图4-36 米兰大教堂广场

我们将这样的空间称为公园，而不是广场。

《中国大百科全书》将城市广场定义为："城市中由建筑物、道路或绿化地带围绕而成的开敞空间，是城市公众社会生活的中心，是集中反映城市历史文化和艺术面貌的公共空间。"

《城市广场设计》一书认为："城市广场，是为满足多种城市社会生活需要而建设的，以建筑、道路、山水、地形等围合，由多种软质、硬质景观构成的，采用步行交通手段，并具一定的主题思想与规模的结点型城市户外公共活动空间。"

所以，城市广场是有一定空间限定的场所，是人流聚集的地方，是城市的象征，根据政治、经济、文化、生活等赋予其独特的功能。

4.3.2 广场的尺度

城市中的广场是空间体系中的重要节点，既是城市道路的间隔、延续或转折，也是城市空间的结合点和控制点。没有广场城市就缺乏生气和活力，就难以满足城市的多功能要求。

4.3.2.1 城市广场的功能

（1）缓解交通，方便人流集散。马车时代为缓解城市狭窄街道中的交通，便于马车停靠，人流集散，道路局部放宽，逐渐形成广场。现代城市的交通虽然发生了很大的变化，但广场依然具有缓解交通拥挤的功能。

（2）提供社会公共活动场所。古代氏族聚居地的中间，往往有较大的空地，供集体活动。随着历史的发展，公共活动的重要性日益增强和所需场地日益的扩大，加之交通的发展，马车停靠的地方大多成为驿站（旅舍），自然形成集市，进而又有教堂、庙宇、

祠堂等，逐渐成为公共活动场所。广场所以有城市客厅之称，就是因为广场容纳城市居民和外来者多样化的交往活动。现代生活丰富多彩，广场的内容也更加多样（图 4-37）。

（3）改善和美化生态环境。好的广场可以改善城市或地区的小气候和生态环境、美化城市面貌，还可以突出城市和地区的个性和特色，丰富城市的文化内涵、增添城市的魅力。

（4）城市防灾。广场是城市防灾网点中的重要环节。在火灾、地震等灾害中，广场可以成为避难人员的安置地。

4.3.2.2 城市广场的分类（图 4-38 ~ 图 4-41）

按照广场的主要功能特点，城市广场可以分为许多种类：如交通广场、商业广场、文化广场、市政广场、纪念性广场、绿化广场等。不同的功能也可以相互交织而形成多功能的广场等。

广场还可以按其在城市空间体系中所处的位置及作用分为市中心广场、区中心广场、交通路口广场、主要建筑前广场等，当然，这两种分类也会形成相互重叠。广场的尺度分析数据与街道的尺度分析一样，分为紧凑型、均衡型、扩散型和弱化型四种空间感。

（1）交通广场：从中世纪的一些城市可以看出马车时代的交通广场尺度相当小。现代城市道路尺度远比过去宽，在交叉路口为了让车辆行进流畅、开阔驾驶人员视野、以免视线被遮挡，一般都将建筑物后退，加大交叉路口的空间，即形成交通广场。主干道或次干道的交叉口采用转盘方式会形成中心环岛，采用立体交叉方式也会在主路和辅路环绕之间留下岛式空地；无论前者或后者都只能以绿地、花卉或其他较矮小的雕塑、水景、灌木加以点缀，不宜种植大乔木，以免遮挡驾车者的视线。当然更不能有任何阻挡视线的大型广告牌、广告塔以及各种构筑物或建筑物。小型的雕塑、灯柱或较细高的纪念物，也应该以不阻碍视线为前提。广场的大小、尺度乃至方式当然取决于城市规划交通设计。从城市设计的角度考虑，周围建筑体量与广场空间宽度的关系，与主干道相同，以均衡为宜。建筑高度与广场空间宽度之比，一般宜在 1/4 ~ 1/2 之间，建筑宽度（长度）与广场空间宽度之比一般宜在 1/2 ~ 1 之间，而且与主干道相同。因为主要是车行，长度不妨较大。所以，如主要是板式建筑，间隙应该尽可能小；如果是塔式建筑，建筑面宽较小、则空隙

图 4-37 广场可以提供社会公共活动场所

图 4-38 北京奥运形象景观上升广场景观效果图 a

扩宽、空间要扩大，也形成交通广场。但因为人流集中，很自然需要商业服务业，同时成为商业广场。广场的大小、尺度和人车分流取决于城市规划交通设计。从城市设计角度考虑，建筑与广场空间的关系却比较复杂。就交通广场而言，以均衡的视角为宜；但就商业广场而言，则以最紧凑的布局为宜。好在交通建筑一般层数不多，建筑总高度不大，而商业建筑（包括写字楼和旅馆）层数和高度都可能较大，有利于问题的解决。如果交通建筑高度与商业建筑高度近似，则可采取一方面把主要车流尽量靠近交通建筑，以方便游客；另一方面把主要人流吸引靠近商业建筑，使人们的最佳视区对交通建筑处于均衡型视角中，对商业建筑处于紧凑型视角中。即采取某种安排，如门廊、休息亭、座椅等使交通建筑高度与其最佳视点（区）的距离（不是广场空间宽度）之比在 1/2 ~ 1 之间、

重要的文化建筑之前，或大广场内有上述类型建筑。建筑与广场空间的关系理应为均衡型。良好的物质与体型环境使人们既可以感受广场的气氛、感知建筑的风格；走近时又可观赏建筑的细部、领会建筑的建筑建筑长度与其最佳视点距离之比在 1～2 之间，距离在 30 米之外。与此同时，使商业建筑的高度与其最佳视点之比小于 1，建筑长度及其与最佳视点距离之比大于 2，距离在 30～15 米之内。

除上述涉及交通运输的广场外，其他广场原则上都不宜有车辆穿行。

（3）商业广场：在各种道路或道路交叉口商店密集的地方，有的商业建筑可较大幅度地后退，前面形成附属于该商店的半围合的商业广场，有时若干商业建筑围合一块较大的空地形成较封闭的商业广场。无论是前者还是后者，其主要目的都不是让人观赏建筑形象，而是营造热闹的商业氛围、吸引顾客，便于人流集散和休息，方便车辆停靠和人车分流。这种广场空间与建筑的关系当然以紧凑型为宜，建筑距最佳视点距离宜小于 30 米，周围建筑高度与最佳视距之比不宜小于 1/2，建筑高度与最佳视距之比不宜小于 1。有时为了减弱高大建筑对人的逼迫感，一般均以裙房过渡。裙房既便于提供室内大空间的商业娱乐场所，又可以增添室外建筑的层次感（图 4-42）。

（4）文化广场：顾名思义应处于文化建筑如剧场、音乐厅、博物馆、美术馆、科教馆的环绕中，或居于重要的文化建筑之前，或大广场内有上述类型建筑。建筑与广场空间的关系理应为均衡型。良好的物质与体型环境使人们既可以感受广场的氛围、感知建筑的风格；走近时又可观赏建筑的细部、领会建筑的艺术。据此，建筑的高度与其最佳视点距离之比一般应在 1/2～1 之间；建筑的宽度（长度）与广场空间之比一般应在 1～2 之间。广场周围的建筑不一定同样高度，主题建筑一般都高于周围建筑，较高的建筑有对人的逼迫之势，但如运用得当，又可形成巨大的吸引力，吸引人们的注意力集中于主题建筑。正因为如此，广场和道路不同。道路的视点一般以道路中心线为标准，而广场的视点应按观赏主体建筑的最佳视觉位置或范围而定。为了让人自觉或不自觉地进入最佳视觉位置和范围，可以采用一些办法，如利用植物、地面铺装或喷泉水池等突出最佳视点，采用柱廊、牌楼、门、亭、栏杆等建筑小品构成画框等，更可形成特殊

图 4-39 北京奥运形象景观上升广场景观效果图 b

图 4-40 北京奥运形象景观上升广场景观效果图 c

图 4-41 北京奥运形象景观上升广场夜景效果图 d

图 4-42 半封闭的商业广场

的效果。广场中可以设置与建筑有关的主题雕塑以充实文化内涵。

(5) 市政广场: 一般和市政厅有密切关系, 往往也就是市中心广场, 是市民和政府沟通或举行全市性重要仪典的场所, 也可以和文化广场或纪念性广场结合在一起, 成为有丰富文化内涵, 为市民喜爱的日常活动场所。广场尺度不可太小, 以满足举行全市性节日或重要仪典为标准, 故一般以均衡型或扩散型为宜。最佳视点应选在距政府建筑大门不超过 30 米处, 以便举行仪典时市民可以看见主要领导人, 周围建筑高度与广场空间之比一般可以接近 1/2 或更小。建筑宽度与最佳视距之比可在 1/1 ~ 2/1 之间或更大。古代市政广场因受人们听觉限制, 不但尺寸较小, 围合也较严, 现代电声效果良好, 完全不受限制。广场内可有表现城市历史、城市特色、著名人物的雕塑, 成为广场的标志, 当然更少不了举行仪式的位置和设施 (图 4-43)。

图 4-43　市政广场

(6) 纪念性广场: 这类广场多种多样, 有的标志重大的历史性事件, 有的表彰功勋卓著的伟大人物, 有的怀念著名学者、诗人、艺术家等, 有的涉及神话或传说故事, 它的尺度及其空间关系可视其内容而定。一般可为两大类: 重大纪念性广场、个别人物或事件的纪念性广场。前者当然较大, 后者可以较小。有主体雕塑当然以紧凑型为最佳视区: 如纪念一系列相互连贯的事件或者类似的人物时, 也可以安排一连串小广场, 或采用许多小广场环绕中心广场等构成手法 (图 4-44)。

图 4-44　纪念性广场

(7) 重要建筑前广场: 重要的建筑前面人流比较集中, 往往需要有尺度相当的广场用地: 如教堂、市政大厦、重要办公楼、公共活动场所前面往往都留出相当尺度的广场, 可以充分展示对城市至关重要的建筑形象。广场性质一般随其所附属的主要建筑而定, 最佳尺度为均衡型。如果建筑沿街后退不可能太多, 达不到均衡型的尺度, 可以在对面设置柱廊、中国式照壁等办法, 将广场空间扩大到马路对面, 让马路中心线成为最佳视区, 甚至将最佳视区移到马路对面。

(8) 绿化休闲广场: 这是现代城市中改善环境质量和市民生活中不可缺少的重要场所。尤其在市中心地区的商业密集地带更加重要。绿化休闲广场也可以处在绿化体系当中, 为各种年龄段的市民提供安静休息、体育锻炼、文化娱乐和儿童游戏场所, 也可以和文化广场或商业广场结合在一起。但要注意不要干扰

图 4-45　绿化休闲广场

到文化广场的活动，尤其是不要影响文化广场的品位。绿化休闲广场愈开阔越好，其空间关系以扩散型为宜，如周围大多数建筑比较矮小，只能看见一片绿荫，不见建筑则更好；场内也可以有各种小范围的分割或围合，以表明各种不同的区域。广场当然也可以有适当的廊柱亭台及雕塑，既可以作为各种区域的标志，也可以提供人们以休息之所。此外，千万不能忽略各种服务设施，而且其供应路线最好能和游人分开，至少应该做到人车分流（图4-45）。

广场和建筑的关系有全围合式的、半围合式的、开敞式的等。全围合式的气氛浓郁、感染力强、令人兴奋、印象深刻；半围合式的导向性强，处于道路尽端的更是引人逐步达到高潮，但如围合过少，难免空旷松散。补救的办法是加大建筑高度，或以柱廊、旗杆、灯柱、照壁、挡土墙、绿化、喷泉、座椅乃至地面铺装等手段界定空间。将地面广场的地面下沉或抬高也是界定空间范围的有效手法。开敞式空间虽然海阔天空，但有时会失去方向感和定位感，这时就需要树立较高的能控制全局的标识系统（图4-46）。

4.3.3 构成城市广场的要素

4.3.3.1 铺地

合功能场地没有特殊的设计要求，不需要配置专门的设施，是广场铺地的主要组成部分；专用场地在设计或设施配置上具有一定的要求，如露天表演场地、某些专用的儿童游乐场地等。

从工程和选材上，铺地应当防滑、耐磨、防水排水性能良好。花岗岩是用于铺装的一种高档材料，具有高雅、华贵的效果，但成本高、投资大，需要与一定的场合相匹配，尤其是雨雪天防滑效果差，用作广场铺装材料存在安全隐患。过去广场铺地大多用的水泥方砖和现在流行的广场砖相对刻板而单调，若在重点地方稍加强调，就会对比衬托出一种意想不到的美感。天然材料的铺地，如砂子、卵石则显得纯朴甜美，富有田野情趣，对人往往更具亲和力，是广场铺地中步行小径的理想选材。其实，混凝土可以创造出许多质感和色彩搭配，是一种价廉物美使用方便的铺地材料，国外在这方面研究得很深，一些重要地段的铺装也都使用混凝土材料，如巴黎埃菲尔铁塔下的广场，铺地与坐凳小品都是混凝土制品，并无不协调或不够档次的感觉。在调查中发现，南京市各主要城市广场的铺地一般采用广场砖、花岗岩、木材、卵石、石材作铺面。

从形态上看，城市广场由点、线、面及空间实体

图4-46 具有较高标识系统的开敞式空间的广场

铺地是广场设计的一个重点，其最基本的功能是为市民的户外活动提供场所，铺装场地以其简单而具有较大的宽容性，可以适应市民多种多样的活动需要。铺地可划分为复合功能场地和专用场地两种类型：复构成。构成城市广场的一般要素包括 绿地、铺地、雕塑、小品、水景、照明等，下面就除绿地外的其他要素进行介绍。

从装饰性上，广场铺地不同于室内装修，切忌室内化倾向，以简洁为主，通过其本身色彩、图案等来完成对整个广场的修饰，通过一定的组合形式来强调空间的存在和特性，通过一定的结构指明广场的中心及地点位置，以放射的形式或端点形式进行强调。同时，广场铺地要与功能相结合，如通过质感变化，标明盲道的走向，通过图案和色彩的变化，界定空间的范围等。

4.3.3.2 雕塑与小品　（图 4-47）

城市雕塑发展有两大趋势：一种趋势是远距离"瞭望型"的大型标志物，以其醒目的色彩、造型、质感、肌理等特征，屹立于城市背景之中；另一种趋势则是近距离"亲和型"，以与人体等大的尺度塑造极具亲和的形象，既没有雕塑基座，也没有周边的围护，以小巧的体量经常被裹入熙熙攘攘的人群中，但却带给观赏者特殊的惊喜和趣味。

雕塑是广场美化的点睛之笔，应服从于广场主题的需求，要与广场的气氛情调相一致，与周围的环境内容相符合，对整个广场起到一种烘托的作用。所以，雕塑本身要成为经得起时间考验的艺术品，不仅要有好的创意，还要有美的形式。正如刘开渠在论述城市雕塑的作用时讲道："屹立在街头、广场、园林、建筑物上的硬质材料的圆雕或者浮雕不分季节，不论昼夜，总是默默地放射艺术光华。""它既为当代服务，又为未来的历史时代留下不易磨灭的足迹，正如我国的唐文化以及古希腊、古埃及、古罗马的文化，经过历史长河的冲刷，不少东西被淹没了，而硬质材料的雕塑却能够比较长期地留了下来，成为历史的见证和人类文化的对比。"

这也说明了雕塑在城市和城市广场中的作用。雕塑的尺度大小应考虑以下两个因素：一是整个广场的尺度，二是人体的尺度。以广场为尺度的雕塑主要存在于纪念性广场或主题广场中，以人为尺度的雕塑一般存在于商业及游憩广场中。调查发现，南京市各主要城市广场的雕塑大多采用以广场为尺度，采取人体

尺度的较少，雄伟壮丽的同时与市民拉开了距离。

小品建筑虽然不是广场中的必要组成部分，但一旦成为广场的构成成分，尤其是功能性的小品建筑，往往会对广场的空间景观起主导作用。像指示牌、栏杆、灯柱、广告等，都能够体现出时代精神和地方特色，布置得当的小品能够美化广场、展示文化、陶冶情操。或者换句话讲，环境小品设施是广场空间的装饰品和必需品。广场上的垃圾箱、坐凳、广告牌、阅报栏、电话亭随处可见，它们直接影响着城市广场景观的形成和丰富。广场中的小品应与广场整体环境相协调，造型上应该活泼多样，并有街道化特征。如坐凳是广场最基本的设施，布置坐凳要仔细推敲，一般来说，在空间亲切宜人、具有良好的视野条件，并具有一定的安全感和防护性的地段设置坐凳，要比设在大庭广众之下更受欢迎。

4.3.3.3 水景与照明

人类有着本能利用水、观赏水、亲近水的需求，借水抒情，以水传情，大概说的就是这个道理。水能降低噪声，减少空气中的尘埃，调节空气的湿度与温度，对人的身心大有裨益。水可动可静，可无声可喧闹，平静的水使环境产生宁静感，流动的水则充满生机。

广场中的水景有喷泉、跌水、瀑布等形式，尤以喷泉多见。在国外许多广场因其独具特色的喷泉而名声远扬。由于现代技术手段的先进，制造喷泉变得很容易，而且喷泉的形式和功能也在增多，气势也在增大，声光电控制，耗资颇大。在实际水景设计中，应充分考虑当地的经济条件以及地理气候条件，在水空间创造中要与周围环境和人的活动有机结合起来，尤其要与人的行为心理结合起来，尽可能营造一些安全近水空间，特别是要针对不同人群的特点营造出适合不同人群近水活动，包括看水、戏水、听水、闻水等场所和空间。

同样，从人的需求出发，照明也是广场的重要要素之一。在广场的主空间，宜采用高压钠灯，给人以高亮度的感觉，在雕塑、绿化、喷泉处突出灯光产生的影响，宜多通过反射、散射或漫射，使色彩多样化，并使之交替，混合产生理想的退晕效果。同时，光源的选择应考虑季节的变换，冬天宜采用橘红色的光使广场带有温暖感，夏天宜采用高压水银荧光灯使广场带有清凉感（图 4-48、图 4-49）。

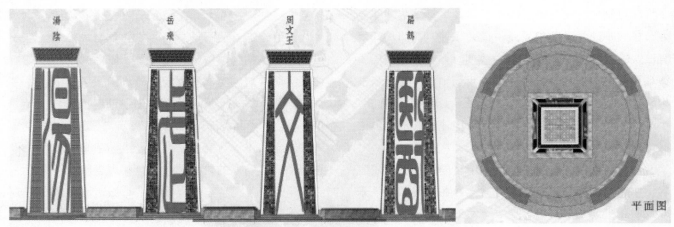

立面图 平面图

图4-47 河南汤阴城市广场设计方案、雕塑及小品设计

图 4-48 广场需要具有足够的铺装

图 4-49　广场需要具趣味性和艺术感染力

4.3.4　城市广场的设计原则

现代城市广场规划设计主要有以下原则，即系统性原则、完整性原则、生态性原则、特色性原则、效益兼顾（多样性）原则和突出主题原则。

4.3.4.1　"以人为本"原则

一个聚居地是否适宜，主要是指公共空间和当时的城市肌理是否与其居民的行为习惯相符，即是否与市民在行为空间和行为轨迹中的活动和形式相符。个人对"适宜"的感觉就是"好用"，即是一种用起来得心应手、充分而适意。城市广场的使用应充分体现对"人"的关怀，古典的广场一般没有绿地，以硬地或建筑为主；现代广场则出现大片的绿地，并通过巧妙的设施配置和交通，竖向组织，实现广场的"可达性"和"可留性"，强化广场作为公众中心的"场所"精神。现代广场的规划设计以"人"为主体，体现"人性化"，其使用进一步贴近人的生活。

（1）广场要有足够的铺装硬地供人活动，同时也应保证不少于广场面积 25% 比例的绿化地，为人们遮挡夏天烈日，丰富景观层次和色彩。

（2）广场中需有坐凳、饮水器、公厕、电话亭、小售货亭等服务设施，而且还要有一些雕塑、小品、喷泉等充实内容，使广场更具有文化内涵和艺术感染力。只有做到设计新颖、布局合理、环境优美、功能齐全，才能充分满足广大市民大到高雅艺术欣赏、小到健身娱乐休闲的不同需要。

（3）广场交通流线组织要以城市规划为依据，处理好与周边的道路交通关系，保证行人安全。除交通广场外，其他广场一般限制机动车辆通行。

（4）广场的小品、绿化、物体等均应以"人"为中心，时时体现为"人"服务的宗旨，处处符合人体的尺度。如飞珠溅玉的瀑布、此起彼伏的喷泉、高低错落的绿化，让人呼吸到自然的气息，赏心悦目，神清气爽。

4.3.4.2　完整性原则

对于一个成功的广场设计而言，整体性是最重要的。城市广场设计时要保证其功能和环境的完整性。功能整体即一个广场应有其相对明确的功能和主题。明确广场的主要功能，在此基础上，辅以次要功能，主次分明，以确保其功能上的完整性。广场应该充分考虑它的环境的历史背景、文化内涵、周边建筑风格等问题，以保证其环境的完整性。

环境整体同样重要。它主要考虑广场环境的周边历史文化演变、城市整体形象和局部形象、周边建筑的协调和变化的问题。在城市建设中应该妥善处理好因为时间变迁产生的老建筑和新建筑之间的关系，以取得统一的环境整体效果。

4.3.4.3 生态性原则

随着全球环境的日益恶化和人们生态意识与自然意识的觉醒，城市建设中的环境意识、生态意识已经成为城市城市规划设计与建筑设计的重要方面，成为衡量一个设计优劣的标准之一。广场是整个城市开放空间体系中的一部分，它与城市整体的生态环境联系紧密。现代城市广场设计应该以城市生态环境可持续发展为出发点。在设计中充分引入自然，再现自然，适应当地的生态条件，为市民提供各种活动而创造景观优美、绿化充分、环境宜人、健全高效的生态空间。

4.3.4.4 特色性原则

一方面，城市广场应突出人文特性和历史特性。通过特定的使用功能、场地条件、人文主题以及景观艺术处理塑造广场的鲜明特色。同时，继承城市当地本身的历史文脉，适应地方风情、民俗文化，突出地方建筑艺术特色，增强广场的凝聚力和城市旅游吸引力。另一方面，城市广场还应突出其地方自然特色，即适应当地的地形地貌和气温气候等。城市广场应强化地理特征，尽量采用富有地方特色的建筑艺术手法和建筑材料，体现地方园林特色，以适应当地的气候条件（图 4-50）。

4.3.4.5 效益兼顾（多样性）的原则

城市广场虽应有一定的主导功能，但却可以具有多样化的空间表现形式和特点。不同类型的广场都有一定的主导功能，但由于广场是人们共享城市文明的舞台，它既反映作为群体的人的需要，也要综合兼顾特殊人群，满足不同类型的人群不同方面的行为、心理需要，具有艺术性、娱乐性、休闲性和纪念性兼收并蓄的特点。给人们提供能满足不同需要的多样化的空间环境。

首先，城市广场是城市中两种最具价值的开放空间（即广场与公园）之一。城市广场是城市中重要的建筑、空间和枢纽，是市民社会生活的中心，起着当地市民的"起居室"，外来旅游者"客厅"的作用。城市广场是城市中最具公共性、最富艺术感染力，也最能反映现代都市文明魅力的开放空间。城市对这种有高度开发价值的开放空间应予优先的开发权。

其次，城市广场规划建设是一项系统工程，涉及建筑空间形态、立体环境设施、园林绿化布局、道路交通系统衔接等方方面面。我们在进行城市广场规划设计中应时刻牢记并处处体现经济效益、社会效益和

图 4-50 广场需要具有当地的建筑特色

环境效益并重的原则，当前利益和长远利益、局部利益和整体利益兼顾的原则，切不能有所偏废。厚此薄彼，往往顾此失彼。如某市火车站广场由于规划不合理，结果造成交通拥挤、排水不畅，雨天泥水地，晴日灰满天，环境污染严重，市民怨声载道，游客望而却步，极大地损害了城市形象。

再次，城市广场规划设计要克服几个误区：一是认为以土地作为城市道路、广场建设的回报是一条捷径。二是广场越大越好。三是让开发商牵着鼻子走。开发商看重的是重拆、建房、卖门面的利益；而政府则应着重考虑增加绿地、建设广场和公园，改善旅游、购物、休闲和人居环境。

4.3.4.6 突出主题原则

围绕着主要功能，明确广场的主题，形成广场的特色和内聚力与外引力。因此，在城市广场规划设计中应力求突出城市广场在塑造城市形象、满足人们多层次的活动需要与改善城市环境的三大功能，并体现时代特征、城市特色和广场主题。

4.4 城市滨水景观设计

4.4.1 城市滨水区的概念

滨水一般指同海、湖、江、河等水域濒临的陆地边缘地带。水域孕育了城市和城市文化，成为城市发展的重要因素。世界上知名城市大多伴随着一条名河而兴衰变化。城市滨水区是构成城市公共开放空间的重要部分，并且是城市公共开放空间中兼具自然地景和人工景观的区域，其对于城市的意义尤为独特和重要。营造滨水城市景观，即充分利用自然资源，把人工建造的环境和当地的自然环境融为一体，增强人与

自然的可达性和亲密性，使自然开放空间对于城市、环境的调节作用越来越重要，形成一个科学、合理、健康而完美的城市格局。

人类对景观的感受并非是每个景观片断的简单的叠加，而是景观在时空多维交叉状态下的连续展现。滨水空间的线性特征和边界特征，使其成为形成城市景观特色最重要的地段，滨水边界的连续性和可观性十分关键，令人过目不忘。滨水区景观设计的目标，一方面要通过内部的组织，达到空间的通透性，保证与水域联系的良好的视觉走廊；另一方面，滨水区为展示城市群体景观提供了广阔的水域视野，这也是一般城市标志性、门户性景观可能形成的最佳地段。

滨水空间是城市中重要的景观要素，是人类向往的居住胜境。水的亲和与城市中人工建筑的硬实形成了鲜明的对比。水的动感、平滑又能令人兴奋和平和，水是人与自然之间情结的纽带，是城市中富于生机的体现。在生态层面上，城市滨水区的自然因素使得人与环境间达到和谐、平衡的发展；在经济层面上，城市滨水区具有高品质的游憩、旅游的资源潜质；在社会层面上，城市滨水区提高了城市的可居性，为各种社会活动提供了舞台；在都市形态层面上，城市滨水区对于一个城市整体感知意义重大。滨水空间的规划设计，必须综合考虑到生态效应、美学效应、社会效应和艺术品位等各个方面，做到人与大自然、城市与大自然和谐共处。

4.4.2　城市滨水区的历史发展

水一直与城市发展成长和人类自身繁衍生存有着不解之缘。纵观国外城市发展历史，滨水地区的开发和功能演变经历了三个时期。

前工业化时代，"水"最基本的功能是灌溉功能、生活供水与排水功能、便利舟楫往来功能。"水"是大部分城市选址的首要因素。世界上许多早期的城市都地处大江大河或海陆交汇之处，成为前工业化时代人口集聚和商品交易的中心，并在国内长距离贸易和对外贸易体系中占据了举足轻重的地位。早期埃及城镇均沿尼罗河分布便是明显例证。世界上许多著名城市都地处大江大河或海陆交汇之处，便捷的港埠交通条件不仅方便了城市的日常运转，同时还常使多元文化在此碰撞融合，并形成独特的魅力。11～14 世纪的西欧工商业城市广泛兴起的一个重要标志就是滨水区的发展，全欧洲性的国际集市与港口就在这一时期形成。当然，这些滨水区最初往往呈现一种自发的发展态势，形成港口与城市生活混合的空间形态，同时也作为贸易枢纽、军事要塞发挥作用，兼具港口功能和公共空间功能。

工业革命后，"水"的首要功能是交通运输功能、工业供水和排水功能，城市滨水地区逐渐成为城市中最具活力的地段。因此，滨水区首先是作为产业空间存在，工业区向滨水区聚集，确立了产业资本对滨水空间的控制，生活功能受到排斥。为适应工业的大规模发展，满足日益增长的水路运输的要求，港口和码头得到了空前的繁荣，社会生产力和劳动生产率的提高亦极大地刺激了近代工业的发展。港口不再是对货物进行简单的储存、加工或者贸易的地区，而是实现货物快速集散的中转地。专业化港口区加速发展，迅速发展起来的内河运输和铁路运输也都服务于主要大城市的港口区。此时的滨水区开发以工业制造、物流加工为主要目的，船坞、码头、仓库、厂房成为这一时代城市滨水区的地标。

因此，在工业化时代，滨水区成为城市的生产和交通核心，大量的资本要素集聚在滨水地带，带动整个城市进入工业化时代。在北美，城市几乎都位于航道上，如美国的纽约、波士顿、巴尔的摩以及加拿大的蒙特利尔等城市。同时，工业污水、废气和垃圾的排放也使滨水地区出现严重的污染。无论是在阿姆斯特丹，还是在伦敦、纽约、新加坡，都曾经历过这样的阶段。

20 世纪 60 年代以来，随着世界性的产业结构调整，发达国家城市滨水地区经历了一场逆工业化过程，其工业、交通设施和港埠呈现一种加速从中心城市地段迁走的趋势。一方面，这种现象包含着工业企业从城市迁移到郊区，或者迁移到发展中国家，如从日本迁移到中国和东南亚，从北美迁移到墨西哥。港口也因轮船吨位的提高和集装箱运输的发展而逐渐由原来的城市传统的中心地域迁徙他处，如向河道的下游深水方向迁移。另一方面，现代航空业、汽车和铁路的发展削弱了水运港口作为城市主要交通中心的统治地位。因此，原先的工厂、仓库、火车站和码头船坞密布的城市滨水区逐渐被废弃，荒芜衰败，而其毗邻的水体也因多年的污水垃圾排放出现严重的污染，致使城市滨水地区成为人们不愿接近乃至厌恶的场所。此外，随着中产阶级的崛起和劳动方式的改变，许多人有了更多的闲暇时间，对生态环境、旅游休闲提出了更高的要求。城市滨水区在当今城市发展中也具有明显的优势：除了原本就是绿地公园的滨水区用地，工厂、仓储业、码头或铁路站场今天大多处在城市的核心位置，一般具有宽裕的空间功能转换可能性，而且代价低廉，拆迁量较小。于是，城市滨水区用地功能结构的调整和废弃的用地，恰恰成了这些地区再生的基本条件。于是，北美最早对城市滨水区进行改造，并取得成功，例如，巴尔的摩内港、旧金山吉拉德里广场、温哥华格兰维勒岛。此后，这种滨水地区再生现象已经非常普遍，1965年以来美国和加拿大就有几千个城市滨水开发案例。根据"滨水复兴研究中心"的资料，1993年日本就有63个见诸文字的城市滨水开发实例。如今，在发达国家，"水"的首要功能是游憩和景观功能。随着"以人为本"的价值回归，滨水地区已成为环境优美的城市公共活动核心区域。

4.4.3 国外城市滨水区设计经验

纵观发达国家，后工业化时代城市滨水区成功开发具有以下共同特点：

（1）恢复生态环境，保持可持续发展

要想使滨水区开发成功，治理水体、改善水质、美化环境是基本的保证。首先是选择合适的植物种类改造介质，恢复退化的陆生生态系统，尽可能保持生物和生态多样性，形成滨水绿色植被景观；综合设计生态驳岸，充分保证河岸与河流水体之间的水分交换和调节功能，增强水体的自净作用，同时具有一定抗洪强度。建立、完善城市污水和废水处理系统，对水体清污治理，利用引水冲污、疏汲底泥、充氧曝气等综合性治理措施，恢复退化的水生生态系统。滨水区生态环境的整治，促进了新的滨水区开发投资。例如，在伯明翰，直到中心运河疏浚洁污之时才有人去投资开发。

（2）修缮历史建筑，保护传统文化 20世纪70年代以来，人们开始以文化旅游为导向，重新审视历史建筑和景观保护改造。例如，悉尼邻近港湾的岩石区，不仅很好地保护了历史遗存，而且还以其深厚的文化内涵和丰富的物质景观有效地促进了城市旅游业的发展。而伦敦则将泰晤士河畔一处正对着圣保罗大教堂轴线的热电厂改造成泰特现代艺术博物馆。

在当今滨水区开发中，水族馆等娱乐和科普设施日益增多，波士顿和巴尔的摩开了这方面的先河，而蒙特利尔滨水区则将世界博览会留下的法国馆、魁北克馆改造成赌场，将美国馆改造成为水生态馆。

（3）优化交通组织，实行人车分流

尽量减少穿越滨水区的主要交通干道对滨水区的影响，通常的做法是将其地下化和高架处理。同时，创造一种宜人的幽雅的滨河步行系统正成为一种时尚和共识。只有吸引更多的步行人流，沿街的商店和广场才能增加人气，起到带动经济发展的作用。例如，奥斯陆滨水区把繁忙的交通干道用隧道方式穿越用地，目前上海外滩交通改造也是采用地下分流的方式。

（4）重组用地功能，开拓公共空间

在滨水区开发中，对用地功能进行重组，注入一系列新功能，包括公园、步行道、餐馆、娱乐场，以及混合功能空间和居住空间。在巴黎，塞纳河的滨河位置曾经被工业、交通所充斥，而现在的西段已经建成雪铁龙公园，东段则将原先的铁路站场用于国家图书馆建设。纽约甘特里广场州立公园，19世纪50年代曾经是居住区，后来围绕轮渡码头和火车站发展商业，1950年以后逐步改造为公园。

（5）精心设计滨水景观，构建城市亲水区

城市滨水区临水傍城，有良好的区位优势，滨水区多数是展现当地特色建筑文化和城市景观的窗口，许多城市的滨水景观本身就是城市的标志和旅游形象，因而城市滨水区的景观在国外城市滨水区开发中备受重视，如旧金山的渔人码头一带，就是步行绿带、商业广场、节日广场等公共空间。

大量案例说明，滨水区的开发体现了人们对亲近水的一种共同要求（图4-51～图4-53）。

4.4.4 中国城市滨水区开发建设

我国城市滨水区的开发历程，几乎与发达国家相同。从洋务运动开始，工业化从城市滨水区开始，工厂和工业都主要集中在城市滨水区。新中国成立以来，无论是计划经济时期，还是改革开放以后市场经济时代，城市滨水区都是工业集聚区。

到20世纪80年代末，随着工业化的迅速发展，城市改造逐步兴起，中心城区的滨水地带进入一个以更新再开发为主的阶段。但是，许多地区采取"大拆大建"、全部推倒重来的方式，滨水区的老问题没有解决，又出现了新的问题。这主要表现在：一是用地功能混杂。由于规划滞后，各地块独立开发，缺乏有机联系，新建项目与老旧企业混杂并存，工厂、码头、商务办公和住宅混杂布置，公共活动空间不足，高楼大厦造成视线不通畅、空间轮廓线平淡，抢景败景现象严重。二是特色文化的失落。滨水区往往是城市发展的源头，是城市发展和特色形成的基础，也是城市文化得以融合和沉淀的主要场所。然而，由于众多文化场景的逐渐败落，甚至遭受破坏而不复存在，人们已很难再追寻到历史文化的踪迹。三是生态环境的恶化。水质因长期不能得到很好的治理而受到严重破坏，石块和混凝土固化的立式驳岸，使陆地植被和水生生物失去了生存的环境基础，生态环境受到严重破坏。

图 4-51　现代的滨水景观设计重视亲水空间的可达性

20 世纪 90 年代末以来，我国城市兴起了滨水区再开发的热潮。这股热潮，既有滨海、滨江的港口城市，也有属于季节性河流的内陆城市；既有处于江南水乡的城市，也有水资源相对短缺的北方城市；既有历来就以水景著称的城市，也有从未以水闻名的城市；既有千万人口的国际化大都市，也有数万人口的县级小城镇。众多城市的滨水区再开发，都借鉴了发达国家的经验。

图 4-52　现代的滨水景观设计注重人对场地的空间体验

当前，国内滨水区再开发比较成功的城市，都具有以下特点：(1) 突出滨水区在城市公共生活中的作用；(2) 注重亲水空间的创造，重建市民与水体的联系；(3) 重视滨水空间的可达性；(4) 保护与再开发滨水历史地段；(5) 强调滨水空间环境的整体性。

这些特点，实际上反映了工业化新阶段城市功能转型、城市生活水平提升的要求，体现了全面建设小康社会中人们对生态环境、亲水空间的要求。

4.4.5　城市滨水区的设计原则

（1）防洪原则

滨水园林景观是指水边特有的绿地景观带，它是陆地生态系统和河流生态系统的交错区。在滨河景观设计中除了要满足休闲、娱乐等功能外，还必须具备一项特殊的功能，那就是防洪性。在有洪水威胁的区域做景观设计，必须是在满足防洪需求的前提下进行。在防洪坡段可以利用石材进行设计，利用石材的形式的变化或者肌理变化塑造不同的视觉体验。同时还可以利用水生植物或者亲水的乔木进行植物设计，在丰水期或是有洪水的日子里，植物虽然被淹没但是堤坝

图 4-53　现代的滨水景观设计使用生态驳岸代替水泥硬质驳岸

的防洪功能并没有被减弱，洪水也影响不了堤坝之上的景观。与此同时，水下的植物会给水下的生物提供食物和栖息地，这对于物种的繁衍生息也有促进作用。在枯水或者没有洪水的日子里，水生植物和亲水的乔木可以美化堤岸的环境，同时还可以给游人提供一个休憩的场所，使得游人能够更加贴近自然，感受大自然的气息。

（2）生态原则

景观规划、设计应注重"创造性保护"工作，即既要调配地域内的有限资源，又要保护该地域内美景和生态自然。像生态岛、亲水湖岸以及大量利用当地乡土植物的设计思路中，就是用其独有的形式语言，讲述尊重当地历史、重视生态环境重建的设计理念。

在滨水区开发中，保护水体及周边环境也是必须要重视的问题，要保护滨水区的自然环境，使其能可持续发展。此外城市水系格局及周围的地形地貌特色也是构成城市自然环境风貌的重要资源，将城市融入自然山水中，可以形成富有特色的城市景观，以提升城市形象。

具体而言，滨水设计中的生态原则主要表现在以下几个方面：维持和恢复自然水循环平衡，减少污染源、提高河川及地下的水质；减少新建和维护城市排水基础设施的费用；保护和恢复水生及滨水生态系统及栖息地；保护并提高水体的景观和休闲价值；增加城市滨水和近自然空间；提高水资源的利用效率，增强节水意识（图4-54～图4-56）。

（3）美观与实用原则

现代景观设计的成果是供城市内所有居民和外来游客共同休闲、欣赏、使用的，滨水景观设计应将审美功能和实用功能这两个看似矛盾的过程，创造性地融合在一起，完成对历史和文化之美的揭示与再现。

（4）植物多样性原则

在滨水区沿线应形成一条连续的公共绿化地带，在设计中应强调场所的公共性、功能内容的多样性、水体的可接近性及滨水景观的生态化设计，创造出市民及游客渴望滞留的休憩场所。

（5）空间层次丰富原则

以往的景观、园林设计师们非常注重美学上的平面构成原则，但对于人的视觉来讲，垂直面上的变化远比平面上的变化更能引起他的关注与兴趣。滨水景观设计中的立体设计包括软质景观设计和硬质景观设

图4-54 现代的滨水景观设计注重对场地的恢复和再利用

图4-55 恢复生态的驳岸和远处的硬质驳岸对比强烈

图4-56 现代的滨水景观设计注重亲水的乐趣

计。软质景观如在种植灌木、乔木等植物时，先堆土成坡形成一定的地形变化，再按植物特性种类分高低立体种植；硬质景观则运用上下层平台、道路等手法进行空间转换和空间高差创造。

（6）城市景观统一原则

必须把滨水区作为城市整体的一个有机组成部分，在功能安排、公共活动组织、交通系统等方面与城市主体协调一致。滨水景观带上可以结合布置城市空间系统绿地和公园，营造出宜人的城市生态环境。此外，还可以在适当的地点进行节点的重点处理，放大成广场、公园，在重点地段设置城市地标或环境小品。将这些点线面结合，使绿带向城市扩展、渗透，与其他城市绿地元素构成完整的系统。应通过有效手段加强滨水区与城市腹地、滨水区各开放空间之间的连接，将水域和陆域的城市公共空间和人的活动有机结合，并为滨水区留下必要的景观视觉走廊。

4.4.6　城市滨水区景观规划要点

（1）注重对现状环境的合理分析和评价

城市滨水区通常因为其先天的自然条件而成为城市的发源地，因而具有较强的生态敏感性。城市滨水区又可以是一个自主组织、自主调节的生态系统，因此在设计前对现状条件进行合理的分析评价是必需的。对地块自然环境的分析主要包括对场地及其所在城市的地形与地质、气候、水文和生态进行分析。对水文状况的分析是城市滨水区设计有别于其他区域景观设计的基础分析项，也是直接影响城市滨水景观形态的因素；其次是人文环境分析，其目的是深入挖掘场地的历史文化、人文精神，为设计提供非物质文化因素，最终才能规划出富有地方特色的滨水景观；再次是交通运输分析，为了定义场地内宏观的交通流向，必须了解人流方向和车流方向对场地的影响，进而发现问题；最后是城市绿地系统分析，分析在更大尺度、更大区域范围内，该地区在城市中的位置、功能、性质和与周边环境的关系（图 4-57）。

（2）注重滨水区的亲水性设计

水域驳岸是城市滨水区的空间环境里最富有灵气、最活跃的景观空间，也是最能吸引和容纳人群的公共开放空间。在空间结构的平面定点构图上，它衔接了城市空间和自然景观带两个板块，因地势起伏而富有流动的曲线美；在空间上，是人们抛弃程式化空间亲近自然的有机跳板。亲水性设计在滨水景观中非常重要，处理好亲水与安全之间的关系则是设计的要点。

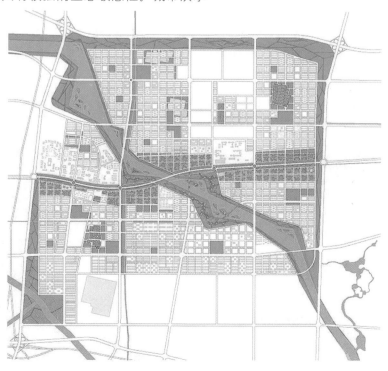

图 4-57　现代的滨水景观设计注重对场地的综合分析

图 4-58　现代的滨水景观设计注重整体性规划

图 4-59　现代的滨水景观设计注重对城市的再生

（3）注重生态节约型设计（图 4-58、图 4-59）

人类的历史演变到今天，除了人们丰富的创造外，还有一个关键性的原因就是注重对资源的利用，并表现在有效保护和合理利用两个方面。

A. 保护：不可再生资源因其不可再生性被列为自然遗产。自然环境中现存的可利用资源，如果只注重眼前的效果，不加节制的运用势必造成它们的枯竭，最终的受害者还是人类本身。所以立足于生态设计的原则，设计应该合理利用天然的不可再生资源，尽量减少对能源的消耗，以满足对可持续发展的期望。

B. 再利用：主要是指利用被废弃的土地、资源和材料等，赋予其新的使用方式，变废为宝。近年来在城市中经常会看到改建工程，就是再利用的实际体现。

4.5 城市公园景观设计

4.5.1 城市公园的定义

任何事物总是处于一种发展的状态，因此不同时代对城市公园的概念界定是有所不同的，即使是在同一时代，不同的学者对其界定也存在差异，有的强调城市公园的卫生环保意义，有的侧重其美育功能，也有的突出其综合功能和政治文化意义。学术界对城市公园尚无统一的概念界定，但通过分析《中国大百科全书》、《城市绿地分类标准》及国内外学者对其进行的概念界定，可以看出城市公园包含以下几个方面的内涵：首先，城市公园是城市公共绿地的一种类型；其次，城市公园的主要服务对象是城市居民，但随着城市旅游的开展及城市旅游目的地的形成，城市公园将不再单一的服务于市民，也将服务于旅游者；再次，城市公园的主要功能是休闲、游憩、娱乐，而且随着城市自身的发展及市民、旅游者外在需求的拉动，城市公园将会增加更多的休闲、游憩、娱乐等主题的产品（图 4-60）。

城市公园作为城市绿地系统规划中的重要组成部分，对保护生态环境、丰富市民生活和美化城市环境都有着重要的作用，是城市绿地系统最重要的部分，是城市居民必需的游憩休闲空间。从世界城市发展的历程来看，公园作为公益事业的城市基础设施，是广大市民文化娱乐的主要场所。城市公园不仅影响着市民的生活质量，还具有美化城市、调节城市小环境、改善城市空气质量、维系城市生态平衡和防灾减灾等

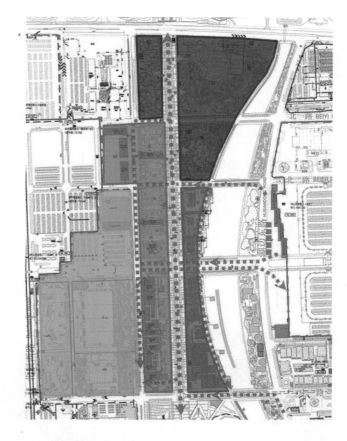

■■■■■■ 观众流线

■ 赞助商区

■ 中国故事和燃情广场

■ 下沉广场

■ 国家广播中心区域

图 4-60　北京奥运形象景观城市公园节点平面图

和谐大道由道旗、花卉、主题雕塑、标识系统、大型临时性景观装置构成，北端森林公园滨水广场，成为整个景观大道的终端节点。和谐大道东西两侧分别为文化活动区和赞助商区，是赛时中外观众欢聚共体验、奥运文化与活动的开放性空间。

图 4-61　北京奥运形象景观：和谐大道鸟瞰效果图

多种生态效应。高质量的公园，形象鲜明、功能多样，往往能成为一个城市的标志，也是城市文明和繁荣的标志。作为城市的主要公共开放空间，公园建设不仅是休闲传统的延续，更是城市文化的体现，它代表着一个城市的政治、经济、文化、风格和精神气质，也反映着一个城市市民的心态、追求和品位（图4-61）。

4.5.2 我国公园的分类

根据《城市绿地分类标准》（CJJ/T85—2002），城市绿地被分为五大类，包括公园绿地、生产绿地、防护绿地、附属绿地和其他绿地。其中公园绿地又可分为五类，包括综合公园、社区公园、专类公园、带状公园和街旁绿地。

公园绿地是城市中向公众开放的、以游憩为主要功能，有一定的游憩设施和服务设施，同时兼有健全生态、美化景观、防灾减灾等综合作用的绿化用地。它是城市建设用地、城市绿地系统和城市市政公用设施的重要组成部分，是表示城市整体环境水平和居民生活质量的一项重要指标。我国大部分公园都属于公园绿地类型（图4-62～图4-66）。

4.5.2.1 综合公园

综合公园指内容丰富、有相应设施，适合于公众

图4-62 和谐大道节点鸟瞰效果图 a

图4-63 和谐大道节点鸟瞰效果图 b

开展各类户外活动的规模较大的绿地。作为城市主要的公共开放空间，也是城市绿地系统的重要组成部分，对城市景观环境美化、城市生态环境调节、居民社会生活生活起到非常重要的作用。综合公园包括全市性和区域性公园（图 4-67、图 4-68）。

（1）全市性公园：为全市居民服务，用地面积一般为 10 ～ 100 公顷或更大，其服务半径为 3 ～ 5 千米，居民步行 30 ～ 50 分钟内可达，乘坐公共交通工具 10 ～ 20 分钟可达。它是全市公园绿地中，用地面积最大、活动内容和设施最完善的绿地。

（2）区域性公园：服务对象是一定区域内的城市居民。用地面积按照该区域内的居民数目而定，一般为 10 公顷左右，服务半径为 1 ～ 2 千米，步行 15 ～ 25 分钟内可达，乘坐公共交通工具 5 ～ 10 分钟可达（图 4-67、图 4-68）。

4.5.2.2 社区公园

社区公园指为一定居住用地范围内的居民服务，具有一定活动内容和设施的集中绿地（不包括居住组团绿地）。居住区公园服务半径为 0.5 ～ 1 千米，面积一般不小于 4 公顷。设计首先需要有明确的功能分区，根据居民各种活动的要求布置休息、文化娱乐、体育锻炼、儿童游戏及人与人交往所需的各种活动场地和设施；园路的组织同空间的安排要有机地联系在一起，让居民感到方便和有趣；通过种植改善居住区的自然环境和小气候，植物造景要兼顾四季景观及人们夏季对遮阴、冬季对阳光的需要；满足老人和儿童活动需要，并设置夜间照明设施。

4.5.2.3 专类公园

专类公园指具有特定内容或形式，有一定的休憩设施的绿地，包括动物园、植物园、儿童公园等。

（1）儿童公园：特别为儿童设置，供其进行娱乐、教育、活动的城市公园。年龄常常是儿童户外运动分组的依据，游戏内容也会因年龄的不同而分为各自的团体，因此在规划时要充分分析儿童的娱乐方式，且在保证安全性的基础上再进行设计。

（2）植物园：是搜集和栽培大量国内外植物，进行植物研究和引种驯化，并供观赏、示范、游憩及开展科普活动的城市专类公园。其功能分区主要分为两大部分：科普展览区和苗圃实验区。展览区是面向群众开放的，宜选用地形富有变化、交通联系方便、游人易于到达的地方；苗圃实验区是进行科研和生产的

图 4-64　和谐大道节点鸟瞰实景图

图 4-65　和谐大道节点夜景图 a

图 4-66　和谐大道节点夜景图 b

场所, 不向群众开放, 应与展览区隔离。但是要与城市交通有方便联系, 并设有专用出入口。

(3) 动物园: 在人工条件下保护野生动物, 供观赏、普及科学知识, 进行科学研究和动物繁殖的城市专类公园就是动物园。在规划动物园时, 首先应注意园区位置的选择。将动物园设置在离居民区较远的下游、下风区, 可以防止其对市民的影响; 院内的水体同时要防止城市水的污染, 园区周围应该有卫生防护地带; 其次在设计动物园分区时, 要把握好宣传教育区、动物展览区、服务休息区和经营管理区的关系; 最后是动物园的配套设施, 解说系统应该与展区流线、功能分区紧密地结合在一起。要充分考虑动物饲养的丰富性, 以及与人类互动的安全性等。

4.5.2.4 带状公园

带状公园指沿城市道路、城墙、水滨等, 具有一定休憩设施的狭长绿地。"带状公园" 常常结合城市道路、水系、城墙而建设, 是绿地系统中颇具特色的构成要素, 承担着城市生态廊道的智能。"带状公园" 的宽度受用地条件的影响, 一般呈狭长形, 以绿化为主, 设施为辅。

4.5.2.5 街旁绿地

街旁绿地指位于城市道路用地之外, 相对独立的绿地。包括街道广场绿地、小型沿街绿化用地等 (绿化占地比例应大于 65%)。街旁绿地又名街头绿地, 有两个含义: 一是属于公园性质的沿街绿地; 二是指该绿地必须不属于城市道路广场用地。"街旁绿地" 是散布于城市中的中小型开放式绿地, 虽然面积较小, 但具备游憩和美化城市景观的功能, 是城市中量大面广的一种公园绿地类型。

4.5.3 公园的功能分区

城市公园的功能分区, 必须根据公园的现有地理条件、区域位置、使用性质、植被状况、功能要求以及使用人群特点等, 来进行景观设计方面的总体规划。应做到动静分区、主次鲜明, 并以加强公园布局的趣味性和空间环境的过渡层次为基本表现方式。同时, 还要结合本地区的地方特色和区域文化特点, 来进行景观环境设计方面的多方面尝试。还要根据公园的性质和内容, 在园内为游人开辟多种多样的游乐活动, 活动内容、项目与设施的设置应满足各种不同的功能, 以及不同年龄人们的爱好和需要。

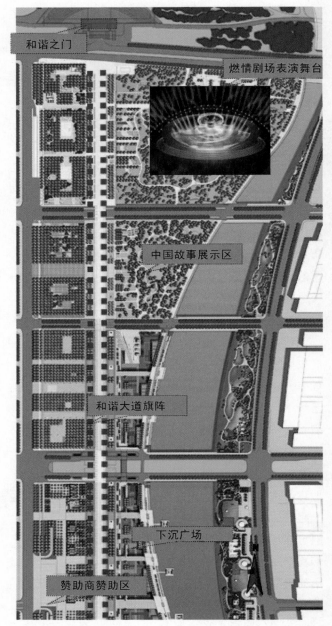

图 4-67 北京奥运形象景观城市公园节点平面图

图 4-68 北京奥运形象景观城市公园节点中国故事展示区鸟瞰图

公园的功能分区一般可分为安静游览区、文化娱乐区、儿童活动区、园务管理区和服务区。

4.5.3.1 安静游览区

安静游览区是以观赏、游览和休息为主的空间，包含亭、廊、轩、榭、阅览室、棋艺室、游船码头、名胜古迹、建筑小品、雕塑、盆景、花卉、棚架、草坪、树木、山石岩洞、河湖溪瀑及观赏鱼鸟等小动物的庭馆等。因这里游人较多，并且要求游人的密度较小，每个游人所占的用地定额较大，一般为100平方米／人，因此在公园内占有较大面积的用地，常为公园的重要部分。安静活动的空间应与喧闹的活动空间隔开，以防止活动时受声响的干扰，又因这里无大量的集中人流，故离主要出入口可以远些。用地应选择在原有树木最多、地形变化最复杂、景色最优美的地方，如丘陵起伏的山地、河湖溪瀑等水体、大片花草森林的地区，以形成峰回路转、波光云影、树木葱茏、鸟语花香等动人的景色。安静游览区可灵活布局，允许与其他区有所穿插。若面积较大时，亦可能分为数块，但各块之间可有联系。用地形状不拘，可有不同的布置手法，空间要多变化。

4.5.3.2 文化娱乐区（图 4-69 ～图 4-75）

文化娱乐区是为游人提供活动的场地和各种娱乐项目的场所，是游人相对集中的空间，包含俱乐部、游戏场、表演场地、露天剧场或舞池、溜冰场、旱冰场、展览室、画廊、动物园地、植物园地等。园内一些主要建筑往往设在这里，因此文化娱乐区常位于公园的中部，成为公园布局的重点。布置时也要注意避免区内各项活动之间的相互干扰，要使有干扰的活动项目相互之间保持一定的距离，并利用树木、建筑、地形等加以分隔。由于上述一些活动项目的人流量较大，而且集散的时间集中，所以要妥善组织交通，需要接近公园出入口或与出入口有方便的交通联系，以避免不必要的拥挤，用地定额一般为 30 平方米／人。规划这类用地要考虑设置足够的道路广场和生活服务设施。因全园的主要建筑往往设在该区，故要有适当比例的平地和缓坡，以保证建筑和场地的布置，适当的坡地且环境较好，可用来设置开阔的场地。较大的水面，可设置水上娱乐项目。建筑用地的地形地质要有利于基础工程的建设，节省填挖土方量和建设投资；园林建筑的设置需要考虑到全园的艺术构图和建筑与风景的关系，要增加园景，不应破坏景观。

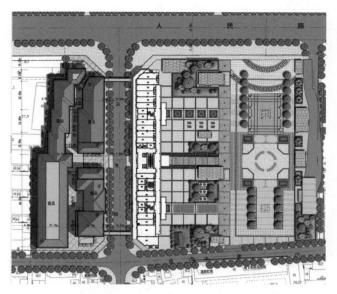

图 4-69　河南汤阴广场设计 a

图 4-70　河南汤阴广场设计 b

4.5.3.3 儿童活动区

儿童活动区规模按公园用地面积的大小、公园的位置、周围居住区分布情况、少年儿童的游人量、公园用地的地形条件与现状条件来确定。 公园中的少年儿童常占游人量的 15% ~ 30%，但这个百分比与公园在城市中的位置关系较大。在居住区附近的公园，少年儿童人数所占比重大，而离大片居住区较远的公园少年儿童人数则比重小。

在儿童活动区内，可设置学龄前儿童及学龄儿童的游戏场、戏水池、少年宫或少年之家、障碍游戏区、儿童体育活动区（场）、竞技运动场、集会及夏令营区、少年阅览室、科技活动园地等。用地定额应在 50 平方米／人，并按用地面积的大小确定设置内容的多少。游戏设施的布置要活泼、自然、色彩鲜艳，最好能与风景结合，不同年龄的少年儿童，如学龄前儿童和学龄儿童要分开活动；区内的建筑、设备等都要考

图 4-71 中国故事：燃情剧场景观节点位置鸟瞰图

图 4-73 中国故事：燃情剧场景观节点黄昏效果图

图 4-72 中国故事：燃情剧场景观节点鸟瞰图

图 4-74 中国故事：燃情剧场景观节点夜景效果图

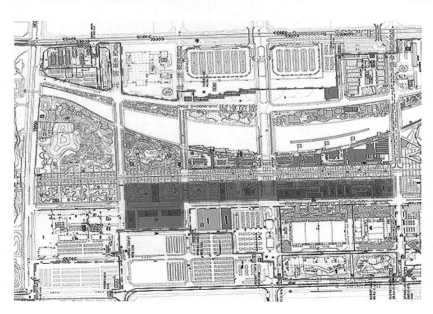

图 4-75 赞助商景观节点区域平面图

赞助商区共有 15 个风格不同的建筑，疏密不一的分置于树阵之中。景观设计以北京奥运会官方图片为内容，用弧面展板有序排列赞助商一侧的街道上。既突出西翼"体育"的主题，有效形成空间的统一和序列。丰富了景观的观赏性和体育文化的魅力。

虑到少年儿童的尺度，建筑小品的形式要适合少年儿童的兴趣，要富有教育意义，可有童话、寓言的色彩，使少年儿童心理上有新奇、亲切的感觉；区内道路的布置要简捷明确，容易辨认，主要路面要能通行童车；花草树木的品种要丰富多彩，色彩鲜艳，引起儿童对大自然的兴趣；不要种有毒、有刺、有恶臭的浆果植物；不要用铁丝网；为了布置各项不同要求的内容，规划用地内平地、山地、水面的比例要合适，一般平地占 40% ~ 60%，山地占 15% ~ 20%，水面占 30% ~ 40%；本区规划时应接近出入口，且宜选择距居住区较近的地方，并与其他用地适当分隔；由于有些儿童游园时由成人携带，因此要考虑成人的休息和成人照看儿童时的需要 区内应设置卫生设施、小卖部、急救站等服务设施。

4.5.3.4 园务管理区

园务管理区是为公园经营管理的需要而设置的内部专用分区，可设置办公室、值班室、广播室、管线工程建筑物和构筑物修理工厂、工具间、仓库、杂务院、车库、温室、棚架、苗圃、花圃、食堂、浴室、宿舍等。按功能使用情况，区内可分为管理办公部分、车库工厂部分、花圃苗木部分、生活服务部分等。这些内容根据用地的情况及管理使用的方便，可以集中布局，也可以分成数处。集中布置可以有效地利用水、电、热，降低工程造价，减少经常性的投资。园务管理区要设置在相对独立的区域，既要便于执行公园的管理工作，又要便于与城市联系，四周要与游人有隔离，要有专用的出入口，不应与游人混杂；到区内要有车道相通，以便于运输和消防。本区要隐蔽，不要暴露在风景游览的主要视线上；温室、花圃、花棚、苗圃是为园内四季更换花坛、花饰、节日用花、盆花及补充部分苗木之用。为了对公园种植的花木培育管理方便，面积较大的公园，在园务管理区外还可以分设一些分散的工具房、工作室，以便提高管理工作的效率。

4.5.3.5 服务设施

服务设施在公园内的布置，受公园用地面积、规模大小、游人数量与游人分布情况的影响较大。在较大的公园里，可能设有 1 ~ 2 个服务中心点，按服务半径的要求再设几个服务点，并将休息和装饰用的建筑小品、指路牌、园椅、废物箱、厕所等分散布置在园内。服务中心点是为全园游人服务的，应按导游线的安排结合公园活动项目的分布，设在游人集中、停

留时间较长、地点适中的地方，服务中心点的设施可有饮食、休息、整洁仪表、电话、问讯、摄影、寄存、租借和购买物品等项目。根据服务方便的原则，规划时也可采取中心服务区与服务小区的方式，既可在公园主要景区设置设施齐全的服务区，也可专门规划中心服务区，同时在每一个独立的功能区中心以服务小区或服务点的方式为游人提供相对完善的服务。

公园功能分区不能生硬划分，要根据公园的性质、等级、服务对象等实际情况进行区域划分，尤其是面积较小的公园，可将不同性质的各种活动做整体的合理安排，面积较大的公园在分区时应该按照自然环境和现状特点布置分区，要因地制宜。

4.5.4　公园的构成要素（图 4-76~ 图 4-82）

公园的构成要素包括自然要素与人工要素。自然要素是指场地本身的地形、水体与植物搭配；人工要素指人工构筑物，比如入口、布局、道路和观景区等。它们的处理是否得当，决定着公园结构合理与否，以及能否合理地发挥各自的作用。

4.5.4.1 自然要素

（1）地形是公园的基础，不同的地貌地形可以给人不同的感受，它是绿地景观的基础。一般来说，在设计前首先要分析自然环境的特征，其目的在于最大利用这些特征，将景观设计地域化。

（2）水资源是绿地系统的第二自然要素，可以增强城市园林景观的观赏价值和意境感受，分为自然式和人工式。公园水体构成的景观有驳岸、护堤、岛屿和桥梁等。

（3）植物是公园自然要素中的空间构架，不仅具有美化观赏作用，也具有提升场地生态环境的作用。

4.5.4.2 人工要素

（1）出入口：出入口的位置选择是公园规划设计的一项重要工作，它涉及游人是否能方便地进出公园，并影响到城市道路的交通组织和街景，同时还关系到公园内部的规划结构分区和活动设计的布置。

公园可以有一个主要的出入口，一个或者若干个次要入口及专用出入口。主要出入口应该设置在城市主要道路和有公共交通的位置，但也要注意避免受到对外过境交通的干扰，同时还要与院内道路连接紧密，符合浏览流线。次要入口是辅助性的，可以为附近地区的居民服务，位置设置在人流来往的次要方向，或

图 4-76 赞助商景观节点区域鸟瞰图

图 4-77 赞助商景观节点区域透视图

图 4-78 赞助商商区景观建筑透视图

设置在公园有大量人流集散的设施附近。主要出入口和次要出入口内外都要设置人流集散广场，其中外部空间要大一些，当附近没有停车场时，还要在出入口附近设置汽车停车场及自行车停车场（图 4-83）。

（2）布局：公园的布局要有机组织不同的景观区，使各景观区间既有联系又有各自的特色，全员既有景色的变化又有统一的艺术风格。对公园的景观要考虑其观赏的方式，哪里是停留、哪里是游览；停留时要考虑观赏点、观赏视线，游览要考虑观赏位置的移动；它们在不同距离、高度、角度、天气、早晚或季节的观赏效果都是不同的。

公园的景观在平面布局上需要有景观构图中心，在立面轮廓上也需要观赏视线的最高点作为焦点。它们可以各自形成景观区，也能组合形成立体轮廓。公园的立体轮廓需要结合地形填高挖低，以形成有节奏、有韵律、有层次的设计。在地势平坦的公园中，可以利用建筑物的高低、树木的树冠线的变化构成立体轮廓（图 4-84 ~ 图 4-86）。

公园规划布局的形式大致来说有三种：规则式、自然式与混合式。规则式布局多强调几何对称，比较整齐，有庄严、雄伟与开朗的感觉；自然式布局是完全结合自然地形、原有建筑和树木等现状的环境条件或按照美观与功能的需要灵活布置的，可以有主体或重点，但无一定的几何规律。这种设计可以形成富有变化的景观视线，可以形成自由活泼舒展的感觉；混合式布局即规则式和自然式的结合，在用地面积较大的公园中常被采用，具体可以按不同地段的现状分别处理。

（3）道路：道路除了交通功能外，更重要的作用是作为公园的结构引导脉络，为决定城市公园的结构而存在。公园的观赏要组织有引导线路，让游人按照顺序游览，景色的变化要结合导游线路来布置，让游人在游览观赏的时候，产生节奏连续的视线感。不同功能的公园的园路可以做不同的设计形式。

为了使导游和管理有序，必须要统筹布置园路系统，区别园路性质，确定园路分级。分级系统一般分主园路、次园路和小径。主园路是联系分区的道路，是构成园路系统的骨架；次园路是分区内部联系景观点的道路，小径是景观点内的便道。

C.观景区：公园的景点和活动设施的布置，要通过公园道路有机地结合在一起，在公园中要有构图中

心，在平面布局上起游览高潮作用的主景，常为平面构图的中心。在立体轮廓上起景观视线焦点作用的制高点，常为立面构图的中心。平面构图中心和立面构图中心可以分为两处也可以是一个。

图 4-79　赞助商商区形象建筑透视图 a

图 4-80　赞助商商区形象建筑透视图 b

图 4-81　赞助商商区形象建筑透视图 c

图 4-82　赞助商商区形象建筑透视图 d

4.5.5 城市公园设计案例

　　曾经获得2010ASLA景观专业奖地标类杰出奖的布莱恩特公园，是本书所要分析的一个景点案例。作为一个在世界上最重要城市的宝贵中心绿地，公园恢复成为公共空间是巨大的成功，这不光对纽约市很关键，也是一个城市公园恢复以及环境、社会、经济的可持续性的最佳典范。

　　景观设计师很好地平衡了用地、边界以及材料。公园的管理也应当受到赞扬。布莱恩特公园发生了一系列的改变和翻新。因为公园具有很多的惊人历史问题，这些问题一一被解决，由一个废弃空间转变成为一个有效的空间。人们喜欢这样的经验。把欧洲开放空间中的休闲桌椅引入美国，这是一个伟大而勇敢的举动，我们希望看到更多这样的空间，以及人们在其中的身影。

　　布莱恩特公园，毗邻纽约公共图书馆。由于缺乏设计，在20世纪初，又因为缺少维护费而开始恶化。虽然40年后，也就是20世纪30年代经过了重新设计，但条件依然不断恶化，到60年代，公园充满了非法活动。1966年，纽约时报把它说成一个吸毒者、妓女、流浪汉的天堂。到了70年代初，警方甚至在公园所有入口设置路障，晚上9点以后禁止进入。

　　布赖恩特公园引来光明是在1979年，纽约公共图书馆出台了一个更新计划，其中包括了解决布赖恩特公园的问题，使其成为图书馆的"后院"。城市规划师和社会学家威廉·怀特，是研究设计对人行为影响的先锋。他分析了公园成为罪犯避难所的原因，并建议了可行的解决办法。他建议了简单有效改变场地的办法，比如去掉铁栅栏和灌木篱，让行为和视觉空间更方便。"可达性是解决方案的核心所在，"怀特说。以怀特的报告为指导，在1986年聘用景观设计师，将其转变成一个安全和充满活力的城市公共空间——布莱恩特公园。该项目是一个具有里程碑意义的实验设计方案和社会学及行为学研究范例。

　　设计包含了很多能产生显著成果的小调整。景观设计师在修改补充入口、坡道、楼梯和行人路的同时，还减少栅栏的配置以达到更自由流通。设计还包括在主要区域设置公共休息室和植入娱乐。在设计过程中，1934年的石子路被重新翻新并在公园的中心区域设置介绍。中部需要严重维修和缺乏安全的设置则被拆除。

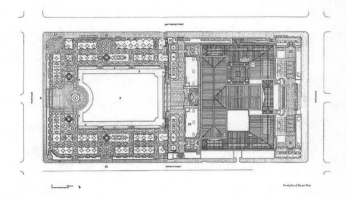

图4-83　布莱恩特公园平面图

图4-84　布莱恩特公园鸟瞰图

图4-85　园区之间连接顺畅方便

图4-86　布莱恩特公园的休闲空间

把草坪扩大，两侧 300 英尺（约 91.44 米）长的边界上重现多年生草本植物和常青草，这一处理方法没有形成一个物理或视觉障碍。用与纽约公共图书馆所使用的铸铁灯厂家生产雕塑，同时也加入了全新的喷泉。景观建筑师承诺恢复公园长期可持续性的环境，并使用了天然材料。

在布莱恩特公园，许多游客不知道这里也是大型环境可持续性绿色屋顶的一个里程碑。 在 20 世纪 70 年代，纽约公共图书馆宣布需要更多的书库，于是在更新改建的同时， 景观设计师在公园的下方做了一个创新的设计， 放置了可以容纳 300 万册书的两层图书馆，靠一个 62 英尺（约 19 米）长的隧道与主楼连接。排烟净化通风口全部隐藏在花境中，消防通道就在纪念碑下面。

1992 年 4 月，布莱恩特公园的社会环境完全恢复。1992 年 5 月纽约时报发文说道："以前这里全是流浪者，毒贩和吸毒者，现在这里充斥着上班族、购物者、婴儿车和隔壁纽约公共图书馆的读者。"

15 年过去了，布莱恩特公园依然吸引着成千上万的游客，名副其实是社会可持续发展的一个里程碑。公园一年之中活动也很多，音乐会、演出、电影放映、滑冰。 一些批评者认为过于公司化盈利，但是，这些收入保证了公园的维修费用和可持续性环境，这种模式也在美国和世界范围内，起了模范作用。

经济可持续性是布莱恩特公园的一个标志。公园的更新标志着一个时代的开始，即由政府和非官方共同管理公共领域。 今天，布莱恩特公园是由一个非营利性私人公司管理。 该公司负责维护，资金完全来自非官方，有很大一部分来自当地的商人、业主和附近居民。

此外，布莱恩公园展示了开放空间与土地价值之间的关系。 公园更新后，建筑租赁费和地价大幅提升。因此，开发商、土地规划师现在明白，社会上良好的公共空间在城市发展领域的重要价值（图 4-87）。

4.6　带状公园设计

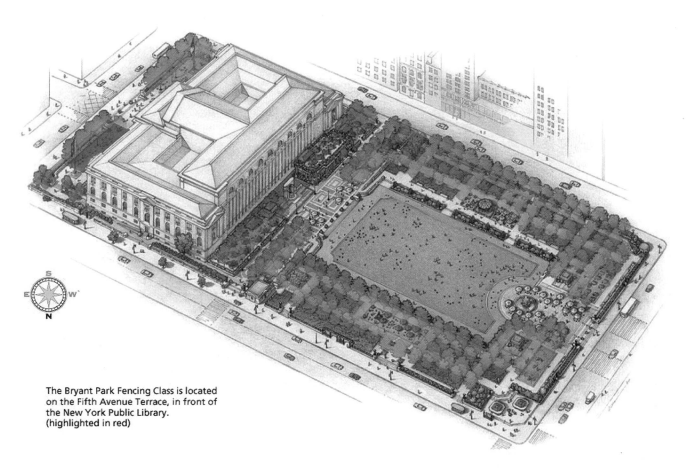

The Bryant Park Fencing Class is located on the Fifth Avenue Terrace, in front of the New York Public Library.
(highlighted in red)

图 4-87　布莱恩特公园与纽约公共图书馆鸟瞰图

带状公园是现代城市景观构成的要素之一，对改变城市生态环境具有重要的作用，承担着城市生态廊道的职能。带状公园可以用来连接城市中彼此孤立的自然板块，从而构筑城市绿色生态网络，经过规划设计可以丰富城市的整体生态环境和提升城市景观效果。

4.6.1 带状公园的分类

（1）轴线带状公园

对于轴线带状公园而言，无论是自然式还是规则式的布局，都必须留出完整的视线通廊，视廊形式可以是轴线大道或者是开阔的自然空间，因此，其空间序列是围绕视廊空间或位于其两侧而徐徐展开。同时，中轴线带状公园是区域人群集中的场所，必须提供足够的活动场地。因此，在创造整体气势的同时，应该注重在空间序列中形成人性化的次空间，让人们在整体的感觉中发现耐人寻味的细节。为呈现明显的空间等级，应以构筑物、变化的植物配置形式等手法给予强调，以形成中心；同时要求标志性非常突出；出入口应与城市干道结合紧密；植物选择以体形较大的乔木形成成片的树群，体现气势和整体感。

（2）滨水带状公园

滨水带状公园应该以通透性的要素组合把河景、江景引入城市，同时应该以绿化空间为主，特别是临水区域。公共活动空间的场地和设施应该尽少干扰城市与水道之间的视线。因此，应尽量布置在靠近城市生活区的一边，或直接与之相连。临水区域除安排滨水步道外，不应安排大型集中的公共活动空间，应尽可能小而分散地布置在滨水步道沿线，并与植物配合，避免给水岸造成生硬之感。植物配置除满足生态防护的要求外，以可以进入性较强的疏林草地为主。同时，应该运用灌木等不影响滨水透景线的植物或小型构筑物，营造半私密空间，并为这些半私密空间提供良好的视线（图4-88、图4-89）。

（3）路侧带状公园

路侧带状公园的绿地是构成城市廊道的重要组成部分，除了遮阴、防尘、降噪功能之外，还能使廊道与廊道、廊道与斑块、斑块与斑块之间联系成一个整体在生态学上，它为动植物的迁徙和传播提供有效的通道。

覆盖体上的带状公园随着经济技术水平的提高，目前，地下隧道、高压走廊、河涌等在穿过城市居民

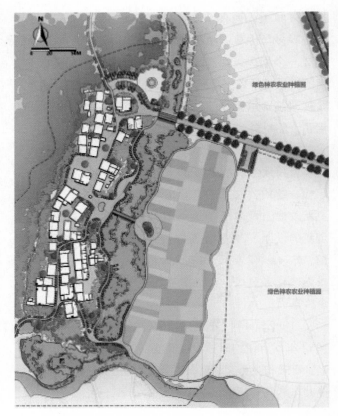

图4-88 红砂咀景观规划设计总平面图

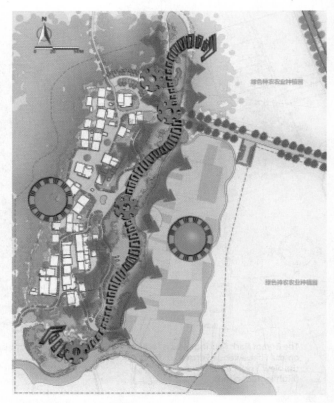

图4-89 红砂咀景观规划设计景观轴线图

区的区段已经能够覆盖在地下，而管道上方又不宜建造，因此形成高压走廊上带状公园、覆盖涌向带状公园。例如，佛山城南的长廊花园，即于高压走廊下埋后所建的带状公园。

此类带状公园常靠近居民区，是居民日常闲暇活动和通行的重要场所。因此，活动内容、场地的安排，通行的舒适性、便利性，以及为居民提供清新整洁的环境是其布局设计的前提。虽然因多与居住小区相邻，其景观空间应更趋于生活化，但作为居住区外的公共开敞空间，除了附近常住居民的使用，还要为城市中其他市民或游客服务，因而又应该与居住区的园林有所不同。空间序列要求更流畅以方便人们通过，以满足人们聚集但又要占据个人空间的需求；植物配置要求丰富多样，但不应该与目前居住区园林太雷同，过于精细，而应该多体现自然野趣；要让人们从人行道随时进入公园而不用跨越边界的灌木和设施，营造中心或标志性景观，使带状公园具有个性和可识别性；各种设施尽量平均分布于各个段落，并设置照明。

（4）保护带公园

城垣等保护带状公园为保护有历史价值的城墙或城基，沿城墙一侧或两侧划出一定宽度的范围，建设带状公园，设置园路和休憩设施，结合历史文化因素点缀 一些景观小品，达到保护估计、为人们提供一个抚今追昔环境优美的场所。例如，湖北荆州的环城公园、北京的皇城根遗址公园、菖蒲河等都是很典型的例子。

（5）环城带状公园

环城带状公园的思想在我国也有悠久的历史，中国很早就颁布了第一部关于沿城墙周围必须植树的法律，虽然目的并不是为了控制城市蔓延，但它对处理的人与自然之间的关系也有意想不到的效果。古代的这种植树和建设护城河的思想，给我国的许多城市留下了优越的公共开敞空间。"平江古城——苏州"被认为是护城河保护得最好的城市，沿苏州护城河分布着大量的城墙遗址，配合这些遗址建设了大量的公园，如苏州胥门公园等。沿着城墙布局的设施自然形成了苏州的环城带状公园，虽未刻意规划，但却表现得浑然天成，让人叹为观止（图4-90）。

4.6.2　带状公园的功能

4.6.2.1 城市带状公园在城市绿地系统中承担着城市生态廊道的职能

廊道的基本功能包括：

（1）栖所功能。为许多物种提供多样性的栖息地。滨河型的带状公园在这方面的作用尤其突出，它可以在一个相对较小的区域内容纳丰富的水生、陆生等多种类物种。

（2）通道功能。城市带状公园绿地作为一种廊道，为植物、动物及人类的活动提供了通道，对于生物流、物质流和能量流均具有重要的作用；同时也加强了栖息地板块之间的连通性，扩大了许多物种的可能生活范围。

图4-90　纽约高线公园将废弃的铁路货运专用线，改造成城市居民聚会、散步的游乐场所

（3）阻隔与过滤功能。城市带状公园绿地的生态环境状况或尺度大小可以对城市内的污染物、噪声和垃圾进行隔绝和过滤，是城市生态功能调节的一部分。

从城市绿地系统设计来讲，带状公园绿地可以提高物种的多样性、促进绿色养分的储存与循环、为城市动物繁衍传播提供良好的生态环境等作用。此外，城市带状空间的绿地植被还能控制水土流失、循环水分、净化空气、降低噪声等，通过绿地植物的遮阳及蒸发散热能降低城市的"热岛效应"，尤其当城市带状公园绿地的规划方向与城市的夏季主导风向一致时，其调节城市小气候，改善环境的作用尤为明显。

4.6.2.2 社会功能

（1）提供休闲游憩场所。城市带状公园的线性带状、高连续性、良好的可达性使之成为广大市民休闲游憩的理想场所。同时，人们在休闲娱乐中增进彼此的交流，增强了人际交往，从而有助于改善邻里关系，满足人们的社会需求。

（2）增强城市的景观美感。城市带状公园往往是沿着小溪、河流两岸而设计的。它能优化城市景观格局、增强丰富景观美感，人们可以通过良好的视觉感受进一步强化城市意象，感知和解读城市（图4-91）。

（3）保护历史文化资源。有些城市带状公园结合具有悠久文化历史的城墙、护城河、历史文化街区而建造，往往具有重要的历史文化价值。城市带状公园可以将许多风景名胜、历史遗迹连接起来，使之免受机动交通及城市开发的干扰。这对于传承城市的历史文脉能起到重要的作用。

（4）防火、减灾的功能。城市带状公园同城市公园一样，具有大面积的公共开放空间。不仅是广大市民休闲游憩的活动场所，而且还在城市的防火、防灾、避难等方面起到重要的作用。它可以作为地震发生时的避难地、火灾时的隔离带等。

图4-91　纽约高线公园鸟瞰图

第 5 章
城市形象景观的空间辅助系统

5.1 城市环境设施

5.1.1 城市环境设施的内容

环境设施指城市外部空间中提供人们使用，为人们服务的一些设施，以及相应的识别系统。完善的环境设施会给人们的正常城市生活带来许多便利。建筑小品在功能上可以给人们提供休息、交往的方便，避免不良气候给人们的生活带来不便。著名景园建筑师哈普林曾这样描述道："在城市中，建筑群之间布满了城市生活所需的各种环境陈设，有了这些设施，城市空间才能使用方便。空间就像是包容事件发生的容器；城市，则如同一座舞台、一座调节活动功能的器具。如一些活动指标、临时性的棚架、指示牌以及供认休息的设施等，并且还包括了这些设计使用的舒适程度和艺术性。换句话说，它提供了这个小天地所需要的一切。这都是我们经常使用和看到的小尺度构件。"

环境设施一般以亭、廊、厅等各种形式存在，可以单独设于空间中，又可以与建筑等组合形成半开敞的空间。同样，许多饮料店、百货店、电话亭都具有独自的功能。它们虽然不是城市空间的决定要素，但在空间实际使用中给人们带来的方便也是不容忽视的。一处小小的点缀同样可以为城市环境增色，并起到意想不到的效果（图 5-1、图 5-2）。城市环境设施，一般可包括以下内容：

（1）休息设施：露天的椅、凳、桌等。

（2）方便设施：用水器、废物箱、公厕、问讯处、广告亭、邮箱、电话间、行李寄存处、自行车存放处、儿童游戏场、活动场以及露天餐饮设施等。

图 5-1 绿化与城市设施的结合：树池座椅

图 5-2 艺术性的城市设施会为城市环境增色

（3）绿化及其设施：四时花草、花池、花台、花盆、花箱、花架、树木和种植坑等。

（4）驳岸和水体设施：驳岸、水生植物种植容器、跌水与人工瀑布处理；跳石，桥与水上码头等。

（5）拦阻与诱导设施：围墙、栏杆、沟渠、缘石等。

（6）其他设施：如亭、廊、钟塔、灯具、雕塑、旗杆等。

5.1.2 城市环境设施的功能

城市环境设施常以公共艺术小品的形式存在。功能性在公共艺术小品中的作用不容忽视。公共艺术小品具有满足人们生理需求的功能，如欣赏、坐、倚靠、照明等；同时，公共艺术小品也具有满足人们心理方面的功能，如满足现代人的审美需求以及向往安逸、宁静的生活环境等心理。物质是精神的基础，公共艺术小品之所以存在，是由于它本身即具有实用性，也就是对于人们来说具有物质方面的价值（图5-3、图5-4）。公园公共艺术小品的功能主要体现在以下几个方面：

5.1.2.1 使用功能

公园空间中具有使用功能的公共艺术小品主要是指公共设施类产品，其本身的存在就是为了满足人群的使用需求，其实用性得到公众的认可和肯定。公共设施为人们提供休息、交谈及娱乐的空间，在体现使用功能方面是最直接的。随着人们对环境高质量的要求，对以功能性为主的公共设施提出了艺术方面的要求，使部分公共设施加入到公共艺术小品的行列。其使用功能主要体现如下：

（1）休息：为居民提供良好的休息与交往场所，使空间真正成为一种露天的生活空间，为人们创造优美的、轻松的空间环境气氛。

（2）安全：一方面，利用一些小品设施和通过对场地的细部构造处理，实施"无障碍设计"，使人们避免发生安全事故；另一方面，则可以利用场地装修、照明和小品设施吸引更多的行人活动，减少犯罪活动。

（3）方便：用水器、废物箱、公厕、邮筒、电话间、行李寄存处、自行车存放处、儿童游戏场、活动场以及露天餐饮设施等，这些都是为了向居民提供方便的公共服务，因此也是城市社会福利事业中一个不可缺少的部分。

（4）遮蔽：如亭、廊、篷、架、公交站点等，在空间中起遮风挡雨、避免烈日曝晒的遮蔽作用。

（5）界定领域：设计中可根据环境心理学的原理，强化那些可能在本空间内发生的活动，界定出公共的、专用的或私有的领域。

5.1.2.2 标识功能

公共艺术小品的标识功能具有诱导性，它可以引导人们很自然地到达目的地。具有最直接指示功能的公共艺术小品当数视觉导向系统，它明确地显示出路线及所处地段的名称。其他公共艺术小品的标识功能往往是间接的，我们可以通过公园中不同区域公共雕塑的主题和特色，让人们很容易地辨别出所处区域，实现公共艺术小品的标识功能。

5.1.2.3 审美功能

公园公共艺术小品的审美功能应该是最重要的功能之一，公共艺术小品属于艺术作品，其艺术性在整个作品的特性中处于主导地位。不论是具有功能性的设

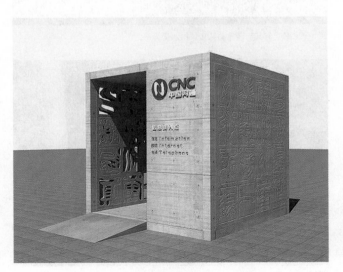

图5-3 北京奥运景观形象设计，信息接入点公用电话亭效果图 a

图5-4 北京奥运景观形象设计，信息接入点公用电话亭效果图 b

施，还是具有艺术性的公共雕塑，设置在广场空间的公共艺术小品可能会由于空间的较大流动性，使得人们忽视了作品对人和环境的影响，公园公共艺术小品对于放松和调节人们的心情有着举足轻重的作用，作品向大众提供便利、舒适的空间环境，同时潜移默化地影响着人们的审美水平和道德观念。

5.1.3　城市环境设施的设计要求

就城市景观而言，街道上一切环境设施设计与建筑物设计同样重要，如街道上所必需的种种设施往往要配合适当的地点，反映特定功能的需求。交通标志、行人护栏、城市公共艺术、电话亭、邮筒、路灯、饮水设施等应进行整体配合，这样才能表现出良好的街景。城市外部空间环境中有时也设置一些休息凳椅，供人休憩稍坐；同时那些用来划分人车界线的栏杆、界石、路标、自行车停放架和露天咖啡座的帐篷、报亭和花坛等也都是城市设计需要考虑的。有时城市里的空间还应该为特殊的节日庆典、游行活动而专门设计调整，以使艺术家和广大市民都能对城市环境建设和保护有所贡献。

城市环境设施的设计，大致有以下要求：

（1）兼顾装饰性、工艺性、功能性和科学性要求

许多细部构造和小品体量较小，为了引起人们足够的重视，往往要求形象与色彩在空间中表现得强烈突出，并具有一定的装饰性。功能作用也不可忽视，只好看而不实用的设计是没有生命力的。同时，小品布置应符合人的行为心理要求，设计时要注意符合人体尺度要求，使其布置和设计更具科学性。

（2）整体性和系统性的保证

城市设计中应对环境设施进行整体的布局安排，其尺度比例、用材施色、主次关系和形象连续等方面也应予以考虑，并形成系统，在变化中求得统一。

（3）具备一定的更新可能

环境设施和小品使用寿命一般不会像建筑物那么永久，因此除考虑其造型外，还应考虑其使用年限，以及日后更新和移动的可能性。

（4）综合绿化、工业化和标准化

花台、台阶、水池等大多可与椅凳集合，既清洁美观、又方便人们使用。而基于"人体工程学"的尺寸模数，又可以使设计制造使用工业化、标准化的构件，加快建设速度和节约投资成本。

5.1.4　典型公共设施的特点及设计要求

5.1.4.1 公共座椅

一张设计合理且与空间适宜的座椅可以成为公共空间的活动中心，可以让人驻足停留。在设计前，我们需要对放置座椅的区域和使用的人群，以及使用者的特点进行详尽地调查，通过调查我们在设计座椅时应该充分考虑以下问题：

座椅应放置在人群密度大的地点。具体来说，沿街设置的座椅不会影响正常的城市交通，座椅的放置和设计与其他的设施保持一致风格的同时，也可以和其他设施同时进行布置，例如与报刊亭结合设置，可以让人们在休息的同时进行阅读；与花台结合可以起到赏心悦目的美感；与树木等结合在夏季既有遮阳功能又符合了使用者的心理需求。同时座椅的布置还要考虑到残疾人的使用，以满足更多人的使用需求。

公共座椅的设计不仅仅要考虑到设施本身的外观，这类实用性强的设施最重要的是考虑到座椅的功能及舒适度。处于不同区域环境内的座椅，对它们的设计

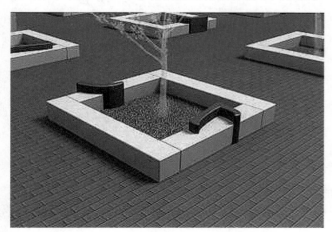

图 5-5　北京奥运景观形象设计，树池座椅 1 总体效果图

图 5-6　北京奥运景观形象设计，树池座椅 2 总体效果图

要求也是不同的。座椅设计放置需要与它所存在的环境相统一；在设计时也要充分考虑使用场地的环境、使用者的心理、人体工程学、座椅放置的区域、座椅的材料搭配和耐久度等（图5-5、图5-6）。

5.1.4.2 路灯

路灯是城市环境的照明装置，它们排列在街道路边、城市广场、园林路径和住宅区等区域，既可以为夜间的行人提供照明的环境，又可以美化城市环境。灯具在城市环境设施中设置面最广，数量最多，集装饰与实用为一体，是环境空间中重要的公共设施。

按照道路照明灯具用途，灯具可分为功能性灯具和装饰性灯具：功能性灯具设计首先要符合道路照明要求，同时还要有一定的装饰效果，常用于大型广场、一般街道等场所；装饰性灯具一般多用于庭院、商业街道的照明，有艺术效果要求的广场也会采用。

设计路灯时除了考虑材料以外还要考虑路灯的使用位置和高度，例如低位置路灯，它一般设置于庭园、草坪、散步道路灯空间环境中，目的是营造气氛美化环境，同时满足了照明的基本功能。另外，在进行灯具安装设计时，要考虑和周围的建筑及其他的公共设施相融合，尽量保持设计风格的一致（图5-7）。

5.1.4.3 垃圾桶、垃圾箱

一个地区、一座城市的城市形象往往体现在它的细节上，例如垃圾处理设施，关系到人们的健康和环境的质量，也反映了一个地区人们的综合素质等。所以，垃圾箱、垃圾桶这类设施是城市环境非常实用的装置。

垃圾桶、垃圾箱的设计首先应该考虑使用功能的要求：具有适当的容量、方便投放并易于清除；其次还要放置在醒目的地点，让人们易于投放垃圾，同时也需要防止垃圾产生的废气溢出，污染小环境。最后需要考虑垃圾桶使用的材料、造型外观和加工工艺，色彩与形态需要与城市环境和周围的景观设施风格保持统一（图5-8）。

5.1.4.4 候车亭

对任何一个城市的交通系统来说，好的候车亭是非常重要的。候车亭由于在城市环境中使用率高，接待的人流量多，所以对城市的形象是一个很好的展示窗口。好的候车亭应该是有特色的，可以代表城市的形象，反映城市的文化，且应该是醒目容易识别、可以提供清晰的交通信息的人性化设施（图5-9）。设计师在考虑候车亭设计时要充分考虑如下因素：

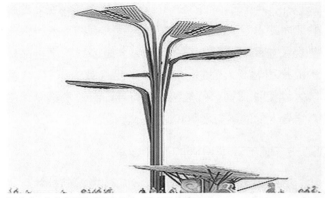

图5-7　北京奥运景观形象设计，路灯单体效果图

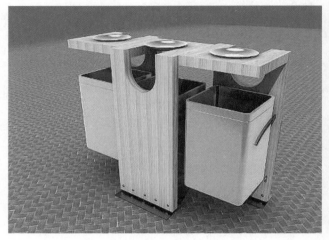

图5-8　北京奥运景观形象设计，垃圾桶效果图

图5-9　简洁的候车亭

（1）全面分析区域内已有的街道条件，在考虑造型的同时参考人流量、候车高低峰时间、公交线路的多少等方面的调查结果；可以把候车亭和其他街道公共设施结合来设计，如电话亭与候车亭结合、休闲座椅与候车亭结合、自动零售机和候车亭结合等。这些设施的组合设计都为公众的生活提供了更多的便利。

（2）首先，候车亭的造型设计要反映城市和地域文化环境特点；其次，候车亭的设计要注意其易识别性和简洁性，候车亭的造型、色彩、放置位置、材料应该做到统一连续，站牌应规格统一，且设置醒目；再次，候车亭的整体造型设计与色彩设计需要能够体现当地的文化特征，造型新颖醒目，并且能够与周围的环境融合，成为展现城市面貌的窗口。

5.1.4.5 护栏与护柱

走在城市中，美观实用的护栏不仅能指引交通，实现人车分离，解决交通混乱问题，并且也是影响城市形象的因素。除了护栏，常见的设计还有护柱、隔离墩等设施，也是人车分离用的设施。

护栏的种类很多，主要有矮栏杆、分隔栏杆、防护栏杆、防眩装置栏等，不同的栏杆主要根据功能来进行设置，如矮栏杆在视觉上对周围环境干扰少，多用于绿地的边缘或场地的划分。这种护栏多做成花饰，成为装饰栏杆；防护栏杆，主要设置在交通干道用来进行人车分离，提高交通畅通功能。

护栏的造型和色彩设计也要与周围的环境融合，在设计时既要考虑地方文化特色，也要考虑色彩对人和街道景致的影响。所以在设计中护栏的色彩要注意颜色的亮度和饱和度对街道环境带来的影响，高明度、高纯度的颜色适用于明快的街道风格，但也容易和周围环境发生色彩冲突，使街道显得杂乱。低明度、低纯度的颜色虽然带给人昏暗的感觉但不易于和周围色彩发生矛盾，也能使整片区域看起来和谐紧凑（图5-10）。

5.1.5 典型城市场所中的公共设施设计要求

5.1.5.1 城市街道中的公共设施

街道承载着城市人员与物品的空间流动，是城市居民重要的活动场所。遍布城市街道的各种公共设施，构成了现代城市街道一种标志性景观。服务量大、使用率高、不断重复出现的特点，要求其在设计上使用方便、造型合理，既有特色又能与周围环境融合。设

图 5-10 低明度、低纯度的颜色会使整个区域看起来和谐、紧凑

图 5-11 北京奥运景观形象设计，直饮水管效果图

计出具有艺术性和文化性的街道，是一个城市追求优质生活的目标。街道的活力在于街道中人的活动的多样性和频繁性，它必须增加人们接触的机会，为大众提供便于交流的场所。适当的休息座椅、满足人需要的饮水设施或者步行街设置的雕塑等，都可以丰富街道活动内容（图5-11）。

街道中的公共设施的设计，需要从城市空间、生态、地方性和文化传统等更宏观的角度出发，同时还要考虑交通运输的问题。设计时要充分考虑它们之间的关系，达到既保持街道的流动性特点，以及建设具有地域特色性、空间个性化的街道空间；同时也要考虑社会需求、公众需求以满足功能、可及性、耐久性、舒适性的需要；最后还要从造型、色彩、材料、尺度和象征性来体现街道设施的功能和景观效果，以营造一个丰富多彩、具有特色和人文关怀的城市街道环境。

5.1.5.2 广场环境空间的公共设施

改善人们周边生活环境的一个重要举措就是建设各种城市文化休闲广场。城市中由建筑物和道路等限定的城市公共活动空间组成了城市的各种公共广场，这是一种提供给大众休闲娱乐和互相交流等多功能的公共空间，同时也起着向外宣传城市形象的作用。城市广场公共设施无论在内容和形式上都处于不断地演化中，广场公共设施直接向人们提供便利、综合信息等服务，通过空间布置和造型设计等，也是对空间的补充完善和功能特性的强化。因此在城市广场公共设施的设计中，要解决个别广场中公共设施外形设计单一的问题，本着从功能性、以人为本的原则出发进行设计，把公共设施的设计纳入到环境建筑设计中一起考虑，结合当地的文化地域特征综合规划设计，设计时还应该考虑广场的人流量的多少、灯光设置、活动空间空地的预留等，使广场充分体现公共性交流性的功能，更好地展现城市形象（图5-12）。

5.1.6　无障碍设施设计要求

无障碍设计是以人为本的设计理念的重要表现。它的目标是让残疾人走出家门、平等地参与社会生活。从这个角度讲，无障碍设计也是一种通用设计（图5-13）。

城市环境中的无障碍设施是专门为活动不便的人和残疾人士设计的公共设施，其目的就是为了在城市公共空间里，为这类人群消除和减轻人类行为障碍的

图5-12　夜幕下的广场环境，地灯的亮度要合适而不能产生炫光

图5-13　北京奥运景观形象设计，信息接入点自助银行效果图，无障碍设计

各种方便设计。一般来说无障碍设计分为以下几类:

(1) 公共交通的无障碍设施:如在室内室外交通的设计中提供残疾人轮椅行驶的坡道,在交通要道处设计供盲人触摸的指路标志等。

(2) 公共卫生的无障碍设施:公共厕所门口应铺设残疾人通道或坡道等,厕所内应该安装残疾人专用式厕位等。

(3) 供残疾人使用的休闲娱乐设施,如固定的盲文说明、指示、信息牌等。

在无障碍设计过程中,必须调查分析残障者的需求,如空间、运动、感官或心理需求等。因此人体工程学不仅要考虑一般正常人在各种环境下的数据,还要重视各类残障人士的特殊数据,尤其是心理方面的感受。大力建设无障碍环境设施对推动精神文明建设具有十分重要的社会意义。

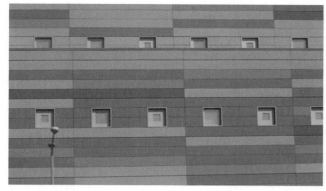

图 5-14　城市色彩是城市风格与品位的直观印象

5.2　城市色彩

早在 20 世纪 70 年代,著名色彩专家让·菲利浦·郎科罗教授就为日本东京制作了世界上第一份关于一个城市的色彩调查。随后,很多国际大都市都在为拥有一份属于自己的"色彩指南"而在城市规划设计上做出了努力。要说清一座城市的形象,不是一件简单的事情,这里既有文化的积淀和历史的沿革,还有许多人文的东西,更有景观设计的风格与品位。但是,对于一个外来者,要想认识城市,头一眼印象大抵还是从颜色上得来的。在国外,城市色彩规划早已有之,专家将色彩称为城市的"第一视觉"(图 5-14)。美籍城市规划专家伊利沙尔也有一句名言:"让我看看你的城市面孔,我就能说出这个城市在追求什么文化。"

图 5-15　金昌城市形象景观设计实例 a

5.2.1　城市色彩的概念

所谓"城市色彩景观"的概念,即城市实体环境中通过人的视觉所反映出来的所有色彩要素所共同形成的相对综合、群体的面貌。虽然从广义上讲,城市的色彩景观内涵十分广泛,包括了城市的气候、植被、建筑、物产、民俗等,但本书所指城市色彩景观的概念则是将研究界定在以"色彩"为特定的景观类型。它分为自然色彩和人工色彩,自然色彩包括植物色彩、山水色彩和天地色彩,即城市中裸露的土地、山石、草坪树木、河流、海滨以及天空等所生成的自然色;人工色彩包括建筑色彩、构筑物色彩和环境小品色彩,

图 5-16　金昌城市形象景观设计实例 b

即所有地上建筑物、硬化的广场路面、交通工具、街头设施等，都是人工产物，所生成的都是人工色。在城市人工色构成中，还可再按物体的性质，分为固定色和流动色、永久色和临时色。城市各种永久性的公用民用建筑、桥梁、街道广场、城市雕塑等，构成固定的永久性色彩；而城市中车辆等交通工具、行人服饰构成流动色；城市广告、标牌、路牌、报亭、路灯、霓虹灯及橱窗、窗台摆设等则构成临时色。同时，由于色彩产生于光折射，各种物体原色，会根据其材料的表面肌理、受光程度以及环境色彩的影响而发生变化，所以，城市色彩还可分为单体原色与视觉效果色。同样是黄色建筑，是临海而建，还是背山而立，是独立存在，还是夹缝中插建，其色彩效果是大不同的。而在这些城市色彩构成元素中，建筑物的色彩既是着色面积较大的色彩，又是容易为人工所控制的色彩，是城市色彩景观规划关注的焦点。

因此，城市色彩是一种系统存在，完整的城市色彩规划设计，应对所有的城市色彩构成因素统一进行分析规划，确定主色系统或辅色系统。然后确定各种建筑物和其他物体的永久固有基准色，再确定包括城市广告和公交车辆等的流动色，包括街道点缀物及窗台摆设物等的临时色（图5-15、图5-16）。

5.2.2 城市色彩的景观特性

(1) 城市色彩的名片效应，例如被拿破仑赞为"世界上最美城市"的巴黎，无论走到哪个角落，都能感受到淡米黄色和深灰色，这两个颜色就成了巴黎的标志性颜色（图5-17）。

(2) 城市色彩能恰如其分地反映出城市的文化精神，如以安徒生童话闻名于世的哥本哈根，老城区房子的色调把红、黄、蓝、白、黑统统都用上了，有的镶拼、有的变色，韵律明快、赏心悦目，宛如童话故乡（图5-18）。

(3) 城市色彩在一定程度上可以影响人们对地理环境的心理感受如莫斯科地处寒温带，冬季寒冷而漫长，全年的积雪期长达146天，其城市色彩以暖色为主，基调色彩一般为黄、绿、深红色，再用经典的白色作为点缀，整个城市不仅美丽端庄，还会在漫长的冬季为人们带来温暖的感觉（图5-19）。

(4) 城市色彩具有方位识别性。在拉德芳斯最有影响力的色彩设计当属著名的色彩学家让·菲利普·朗

图5-17 老城区的米黄色和深灰色是巴黎的形象色彩

图5-18 色调明快、宛如童话的色彩是哥本哈根老城的形象色彩

图5-19 色调温暖、气氛端庄的色彩是莫斯科的形象色彩

科罗教授所设计的"四季商业城"。在面向高速路的建筑物墙面入口处选择了渐变的绿色系来处理，在单调中寻求变化，而且在整座的商业城中色彩被定位一种标识，每一个层次、每一个路口都采用一种装饰方法，让人们在偌大的商业城中安心地购物而不必担心迷路。

5.2.3　城市色彩景观规划的内容

从尺度上说，总体城市色彩景观规划包括城市色彩总体风格定位、城市色彩分区和公共空间色彩景观三个层面。

5.2.3.1 城市色彩景观的总体风格

总体风格主要是对城市色彩景观进行宏观控制，通过提取城市传统色彩标志色和总色谱，在一定范围和程度上引导整个城市色彩的视觉协调，使其朝着有利于整体个性识别的方向发展。

城市色彩的风格定位一般通过城市色彩的规划结构和色彩规划形式来表达，它决定了城市色彩发展的基本方向，同时也可作为下一步色彩控制的基础。把一系列色彩组合按照一定规律进行科学组织的色彩方案就是城市色彩规划结构。城市色彩规划结构和定位不仅要根据城市的规模、城市传统建筑的布局、城市色彩现状来考虑，还要考虑现有规划的一些基本要求，如城市的总体规划、分区规划，控制性详细规划、其他专项规划及城市设计中对城市的社会发展、土地利用、景观引导等方面做出的具体明确要求，并以此作为依据，在认真分析评判的基础上，尽量与之相一致。

（1）环形城市色彩形式

例如，可以城市广场为中心，中心区为暖色，进行环状渐变。中心区和第一环间为次暖色，一、二环间为冷色……离中心区越远，色彩越接近于白色，即由暖色到冷色到非彩色的环形过渡。

（2）区域形色彩形式

如把城市中心区设定为一个色调，整座城市划分为多个辖区，各区有自己特定的颜色，越接近中心区的特定颜色就越浓，越接近郊区则越淡。

（3）氛围衬托城市色彩

不把色彩设计的着眼点放在个别建筑上，而是放在建筑群上，整个区域或整个城市，根据整体结构确立与周围的自然景色相协调的主体色调再决定城市的建筑采用对比或协调的置配方式。

（4）辐射形色彩形式

确定城市中心区色彩，颜色沿辐射向外变化，除各主要广场用特定的颜色，而街道用过渡色。

5.2.3.2 城市色彩景观分区

（1）城市色彩分区方式

小城市人口较少，功能相对简单，城市内的功能分区种类较少，分区界限模糊。通过主色调控制方式和色谱控制，更容易形成整体的城市色彩环境。而大中城市规模大，城市功能比较复杂，城市分区较多，仅仅通过确定的城市色彩结构和整体色彩走向，对城市的色彩控制力度还是极其有限的。因此，需要通过城市色彩分区设计指引来进一步协调、控制城市各分区内部的色彩设计与使用。城市色彩分区应根据区块特点在其内部制定基本色调，使色彩与区块功能、性质相对应，目标是确定各区划的色彩目标，在确保整体基础上形成风格差异，以维护城市色彩的丰富性和多样性。

城市色彩分区可参考城市总体规划或城市控制性详细规划的城市空间功能、城市发展战略、分区组团布局，以及区街等行政区划、道路河流等自然地物的边界范围、城市色彩现状调查评价、景观方面的相关规划中所确定的城市景观片区、骨架及视觉通廊作为色彩区划的依据，以此进行城市色彩的分区工作（图5-20）。一般情况下，城市色彩分区有以下几种方式：

一是按建设时间进行分区。常用方法是将城市划分为旧城区、新城区和混合过渡区。这种分区方式适合于新城、旧城划分较为清晰的城市，城市中新城区与旧城区有着相对独立的城市空间，色彩特点也相对独立。设计引导老城区城市色彩应与城市整体色彩基调保持高度的一致，色彩选择范围甚至比城市整体色彩基调所示范围更窄；而新城区色彩既需要与城市整体色彩基调有相一致的地方，又可在城市整体色彩基调的基础上有所突破。老城区与新城区之间的色彩应有一定关联，可利用混合过渡区加以过渡。

二是根据城市的用地功能将城市分为不同的色彩分区，分别进行控制。一般情况下，城市在发展过程

图 5-20　根据城市中建筑的功能来划定色彩分区

中会形成具有相对明确功能特征的区域,例如居住区、商业区、工业区等,而不同的功能对建筑、构筑物的色彩有相应要求,需要指出的是,城市功能区是指功能相近的建筑群或建筑区,简单绝对、功能单一的大规模功能区是不合理并且不存在的。

三是按照城市空间结构进行分区。如在整体城市设计中,确定中心城区建筑的整体主色调为淡雅明快的中性色系为主,辅以冷灰、暖灰色,并把中心城区划分成特色区(老城区、中心区、杨府新区、过渡区、扩散区)和廊道系统,分别提出色彩引导。

城市色彩分区不是固定不变的,而是因城而异,也可以是上述几种方式的组合。

(2)控制与引导

城市分区色彩景观指引是对城市进行色彩分区,指明分区阶段色彩规划要点及各类分区色彩设计时应注意的特殊要点,并以推荐色谱(包括主色谱、辅助色谱、点缀色谱)或禁用色谱形式界定各类分区色彩设计的选色范围。根据各区在城市中的地位、角色和对整体色彩景观的影响程度等,按控制层级可分为严格控制区、重要控制区、引导控制区和一般控制区。严格控制区是指对城市有重要影响的景观区,如重要滨水区、地方文化保护区等,重点控制区则包括中心、风貌协调区等。从严格控制区到一般引导区色谱的选取范围和色彩要素域值的取值逐步扩大乃至取消限制,即越是要严格控制的区域,色谱范围越小,而一般引导区域,色谱范围则较大,甚至只建议禁用色谱。例如,屋顶的色彩超过人的视线范围,就可以放宽要求;而对位于山体周边则从严要求,因为从山体上俯瞰就可以看到,所以按照严格或重点控制的要求来控制。另外工业区的功能和性质特征决定了工业区的色彩不必像某些居住区那样体现城市人文色彩,因此工业区色彩选择所受的限制比居住区要相对小一些,控制层级可低于居住区。另外,区内的高层建筑由于高度色彩对建筑环境影响较大,也属于重点控制内容(图5-21)。

5.2.3.3 公共空间色彩景观

在对城市进行了色彩分区设计指引后,对城市中的一般地段可以用色彩分区的形式统一进行管理。即使如此,在城市的某些地段色彩控制的力度也还不够,重要公共空间还需要有专门的色彩设计指引。公共空间色彩设计指引在城市范围内建构公共空间体系,指出公共空间阶段色彩设计要点及各类公共空间的色彩

图 5-21 居住区的色彩控制可以放松

图 5-22 城市步行街空间的色彩处理,达到控制与引导的作用

设计时应注意的特殊要点，以推荐色谱（包括主色谱、辅助色谱、点缀色谱）、禁用色谱形式界定重要公共空间色彩设计的选色范围。

（1）划分方式

按照公共空间的功能属性，城市公共空间可分为重要景观点和景观带，包括城市人口空间、道路空间、广场空间、步行街空间等，可以通过制定较为详细的城市色彩导则的办法，以实现对城市色彩针对性的精确控制和引导（图5-22）。

（2）控制与引导

根据公共空间在城市中的地位、角色和对色彩起决定性的影响程度等，按控制层级可分为重点控制带（点）、引导控制带（点）和一般控制带（点）。从重点控制带（点）到一般控制带（点）色谱的选取范围逐步扩大乃至取消限制。

不同的公共空间控制不同部位的色彩。如广场、公园等以绿化、铺地等为主的开敞空间，控制周边界面、铺地、建筑小品的色彩；对于位于城市对外交通出入口及火车站、长途汽车站、机场、港口等窗口地段，控制建筑、构筑物、广场、建筑小品的色彩；对于街道空间，包括城市环线、主要出入道路、商业街等，主要控制建筑界面色彩。

5.2.4　色谱控制原则

城市色彩研究，是以创造协调、优美并带有文化内涵的可识别的城市色彩为最终目标。其中，色彩协调是最基本的层面。

从整体和分区层面说，对色彩的控制可采取两种基本的方法。第一类是根据具体条件，在色谱中挑选出适用的颜色，一般是通过制定推荐色谱和禁用色谱的方式，明确可以选用的色彩和不可用的色彩。这种方式对于较小的区域或城市新区较为有效，而对于较大的区域，或是已建成不易改造的区域，有时会造成管理困难，色彩的千篇一律和单调，失去城市色彩的丰富性。第二类是通过对色彩物理属性的三个基本方面，即明度、色相和纯度中的某一方面或两方面（通常为明度或纯度），根据色彩学理论的色彩协调模式做出域值限制，从而使得城市色彩既达到协调统一的效果，又不失丰富性和多样性。如日本大阪市基于现状的调研分析，发现现有城市色彩几乎囊括了色相环中的所有色相，所以大阪市的城市色彩控制策略以同

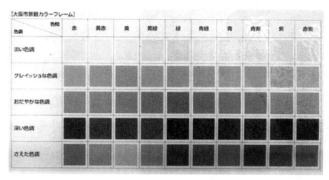

图 5-23　大阪市城市色彩现状，第一组淡色调为基调色，后四组为强调色

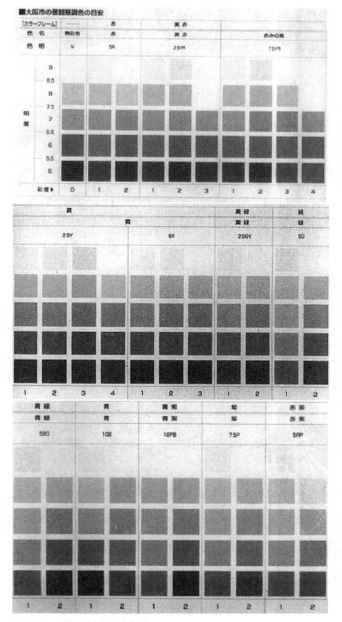

图 5-24　大阪市城市基调色色谱

一和类似调和为基本原则，通过色调的强弱来产生变化，即在色相上不加以限制，而是通过中低明度、低彩度来控制，从而创造出雅致、和谐的城市色彩（图5-23、图5-24）。

色彩空间模式中的主色谱、辅色谱、点缀色谱也是以色彩学理论为基础而紧密联系在一起的。例如居住建筑，墙体色彩决定城市的主色调，屋顶色彩与墙体色彩是作为建筑外表所占面积最大的两个部分，作为一个区域最基本的色彩对比，应共同考虑组合和配色问题。门窗框等细部点缀色彩成为建筑色彩中的凸显部分，与建筑主体色彩构成很强的对比关系，能起到画龙点睛的作用，使得建筑色彩更加丰富。再如广场周边建筑群与广场铺地的色彩应最大限度地取得调和，而广场空间中的视觉中心点是广场点缀色之所在，高彩度的使用取得的对比效果是一种很好地营造视觉中心的手法。其他色彩空间模式也基本遵循着类似的色彩规律。

5.2.5 基于城市形象的城市色彩处理原则

5.2.5.1 从城市设计角度出发的整体性原则

城市色彩问题必须从城市角度，运用城市设计方法对城市空间环境所呈现的色彩形态进行整体的分析、提炼和技术操作，并在此基础上根据城市发展所处的历史阶段，不同的功能区域属性和建筑物质形态进行色彩研究。

5.2.5.2 根据色彩理论，提倡色彩混合、整体和谐

色彩具有色相、明度和饱和度三要素，不同色彩通过合适的方法混合共存、相互影响，由此产生整体协调的色彩混合效果，对于控制城市色彩景观具有重要意义。和谐是色彩运用的核心原则，也是城市色彩处理的重要原则。通常，有效利用色彩调和理论搭配出的色彩组合，比较容易形成和谐统一的色彩关系。

5.2.5.3 尊重自然色彩，与自然环境相协调

人类的色彩美感与大自然的熏陶相关，自然的原生色总是最和谐、最美丽的，如土地的颜色、树木森林的颜色、山脉的颜色、河流湖泊的颜色。城市色彩规划只有不违背生态法则，掌握色彩应用的内在规律，才能创造出优美、舒适的城市空间环境。通过科学的色彩规划和有力的色彩控制，才可能避免整体色彩的无序状态。

5.2.5.4 服从城市功能区分

城市色彩与城市功能密切相关。商业城市与旅游城市、新建城市与历史城市，其色彩应是有所区别的；一座大城市和一座小城市，其色彩原则也不尽相同；城市中不同功能分区之间的色彩定位也是不同的。

5.2.5.5 融合传统文化与地域特色

城市色彩一旦形成，就带有鲜明的地域特点且与人群体验的"集体记忆"相关，并成为城市文明的载体。城市色彩规划必须遵循融合传统文化与地域特色这一基本原则。

城市设计的核心目标就是在于创造安全、舒适、充满吸引力的场所，提升空间环境品质并增强其活力。和谐的色彩配置无疑有助于这一目标的实现。城市设计师在城市色彩上要做的工作，是要在不断发展的城市环境中，运用色彩理论，尽可能创造出具有一定可持续性和弹性的整体色彩和谐，并从不同尺度层面提出城市色彩管控与指导原则。

（1）从城市与城市区域的尺度上看，城市色彩以整体和谐为原则。在这一层面，人们能感受的城市色彩主要来自于俯瞰的角度（图5-25）。

（2）从街区的尺度，即街道和广场的尺度上看，城市色彩应在统一的前提下表现出不同的特点与气氛，人们可以从正面、侧面和仰视的角度，以天空作背景，通常会伴随光影的变化或夜间灯光的变幻，来感受城市色彩（图5-26）。

（3）从建筑及细部（门窗洞口、栏杆、环境设施）的尺度上看，城市色彩将更为丰富且更接近人体尺度，人们可以从各个角度感受城市色彩，仔细体会不同情境下色彩的细微差别，而需要控制的则是各种要素的秩序，在统一协调的形体环境下创造丰富的色彩变化（图5-27、图5-28）。

需要指出的是，城市色彩的主要载体是城市物质

图5-25 城市与城市区域尺度下的色彩变化

形体环境。解决城市色彩问题，不能就色彩而论色彩，和谐有序的城市形体与空间环境，是城市色彩和谐有序的基础。

5.3　城市景观照明设计

5.3.1　城市景观照明设计的基本概念

城市照明是指除了体育场、工地等专用地段以外的一切室外公共活动空间的照明，包括道路、广场、停车场、立体交叉、隧道、桥梁和公共绿地等的照明，以及重要建筑物和建筑群、名胜古迹、纪念碑或纪念性雕塑的装饰照明和节日照明等。城市照明系统必须具备两个基本功能：第一，提供街道安全，减少犯罪和交通事故；第二，美化城市环境。基于经济方面的考虑，如能运用单一设施综合满足这两种要求则最为理想（图 5-29）。

城市景观照明是指对城市中在夜间可以引起良好视觉感受的某种景观所施加的艺术化照明。而所有室外公共活动空间或景物的夜间景观的照明，则通称为"夜间照明"。景观照明仅仅追求亮度和光色的变化是远远不够的，要通过灯光的效果烘托城市景观本身的文化性和特色性，展示不同于模拟白天的景观形象。

城市景观照明的建设是现代城市建设的重要组成部分。随着人们生活水平的提高，夜间人们在室外活动的时间越来越多，对室外灯光的要求也从最基本的"亮"发展到对高品质灯光的要求。这时城市景观照明就不仅能够满足人们夜间生活的正常进行，而且能够体现城市形象，优化城市夜景观品质，满足人们更高层次的视觉和审美需求。

5.3.2　城市景观照明设计原则

在进行城市照明规划时，必须以美观大方、和谐统一、繁华有序、重视文化和艺术品位为原则，紧扣城市的形象定位，对城市的夜景进行整体规划。具体说来如下：

（1）安全性：安全性原则是城市照明的首要原则，也是城市照明的基本前提（图 5-30）。根据照明安全的要求，不同的场合必须达到特定的照度要求，以满足开展各种活动所系的环境亮度要求。同时，安全性也是城市照明"以人为本"的具体体现，是城市照明的基础功能。

图 5-26　城市的色彩需要在统一的前提下表现出多样的气氛

图 5-27　室内空间中，人们可以从各个角度感受丰富的色彩

图 5-28　金昌城市景观环境亮化设计

（2）整体性：整体性要求照明不能仅仅局限于某一片段或某一细节，而是应当注意城市元素之间的有机联系，刻画物体的整体夜景观效果，整体感好才能创造协调的氛围。夜景观整体性主要靠共性获得，共性则要求城市元素之间的景观呼应。

（3）层次感：层次感是指夜景观的主景与背景之间应该具有明晰的关系。层次感的产生主要通过虚实、明暗、轻重等多种手法体现，同时要考虑物体和环境之间的有机关系，不能使主景孤立于背景之中。

（4）慎用彩色光：彩色光一般具有强烈的感情特征，可以极度地强化某种情绪。因此彩色光的使用不仅要考虑被照射物体的性质、形态、功能、历史背景、风格，还要考虑物体表面的质感和材料，同时还要注意不同色彩的光带给人的心理感受等因素；其次由于单一颜色的光在增强某种颜色的同时会改变物体的其他颜色，从而容易造成色彩失衡，而且虽说在相邻两个表面投射不同颜色的光可以起到活跃气氛的效果，但同时也存在色差对比过强、损害物体立体感的风险。因此宜短时间或小范围的使用彩色光，在永久性照明中不宜采用（图 5-31）。

（5）绿色照明：城市照明需要消耗掉数量可观的电能。随着世界范围能源意识的崛起，生态环境设计的思想逐步渗透到社会的各个层面，对于城市照明来说也不例外，生态原则在当代已经成为城市照明的一项基本原则。生态原则在城市照明领域内的应用主要表现在以下几种途径：照明能源的可持续化、节约技术的改进、适度照明、照明时间的间歇式互补等。为了在城市的照明中节约电力，除了采取高效的灯具外，最好在规划设计时提出分级控制。在我国进行绿色照明的政策也日益得到国家的重视（图 5-32）。

5.3.3　城市景观照明设计构成

5.3.3.1 城市的景观照明体系是由空间要素、色彩系统、照度体系和供电系统构成。

空间要素由观赏空间和视觉空间组成，观赏空间是从人的观赏角度出发，从高空俯瞰城市的观赏方式，步行漫步观赏方式和定点观赏，都属于观赏空间。视觉空间则包含面视觉、视觉轴线和点视觉；色彩系统应从城市的整体和单体建筑的色彩进行把控，以一个灯光景观序列作为完备的系统进行规划（图 5-33）。在灯光序列中，把握色彩分区、色彩匹配、兼容性等，

图 5-29 城市夜景照明可以提升城市夜景的质量

图 5-30 城市照明安全性必须是首要原则

使整体色彩平衡，与对应的景观元素色彩材质相融合；灯光景观的照度体系不但指灯光的亮度，还包括不同形状的光源，如点光源、面光源以及组合型光源。亮度用以调节色彩的强度，可以在总体上进行色彩、色彩强度空间及饱和度的综合调节，体现灯光的层次性；供电与控制系统是为了通过智能控制等方法，设置经济、灵活、高效的控制方式。

5.3.3.2 城市景观照明的组成要素是光源、人和物理环境

它们之间相互依存，相互影响，不可分割。光与物理环境结合形成了照明景观，居民则是欣赏和体验照明景观的主体。这样，人利用灯光和环境创造了夜景观，同时人也成为夜景的观赏者，成为了夜景的有机组成部分。三者共同作用才能构成具有生机和活力的照明景观。

（1）光源：城市室外公共空间的日景和夜景的最大区别在于照明光源的不同：日景主要的照明来源于自然光，而夜景的照明主要来源于人工光及部分自然光。相比于自然光，人工光源比较灵活，照明方式多样、显色也可以不同，从而能够更好地根据人们的需要做出不同的城市夜景。随着城市的发展和人们生活水平的不断提高，各式各样的灯具带给人的不仅是照明，而且也带来了照明艺术与灯具造型艺术，为生活带来了动感与色彩（图5-34）。

（2）人（城市中的居民）是城市夜景观的主体，在夜景中扮演着重要的角色，人们主要通过视觉来感受城市夜景观。人是夜景的创造者，人发明了光源和灯具，随着时代的前进而不断革新；同时人也是夜景的欣赏者，由于文化背景的不同、审美角度的差异、民族的不同、周围环境的变化以及观察者受到的训练与个人感情的不同，会产生不同的视觉感受。

（3）物理环境是城市夜景观的重要元素之一，包括街道、绿地、广场、建筑、小品等，灯光附着在这些物质环境中，共同形成不同的夜景观。物理环境自身的材质、形状、颜色等方面的不同，产生的光效也截然不同（图5-35）。

5.3.3.3 城市景观照明通常在三个层面上展开，即：城市总体照明、城市街区照明和城市细部照明

（1）城市总体照明主要是处理城市各个景观区、景观点的分布，以及它们之间的相互关系、主次的确立、性质特征、夜景观等问题，即在宏观上对照明艺术、

图5-31　彩色光虽然可以渲染气氛，但不宜长久使用

图5-32　照明能源的可持续化是未来照明设计重要组成部分

图5-33　城市景观的照明体系主要由空间要素、色彩系统和照度体系构成

技术和经济性等方面进行限定，结构清晰是城市总体层面照明的首要要求。

（2）城市街区照明主要是在总体照明的指导下，对城市特定区域（中心区、居住区、商业区、办公区等）进行详细的夜景观规划和设计，确定街区尺度上的夜景照明的目标、原则、措施、效果等方面的技术性问题，需仔细研究街区的性质、特征、重点、元素的相互关系，根据属性确定要创造的照明气氛，根据街区特征创造特色，根据重点选定照明主题，根据道路元素间的关系确定夜景观的前景和背景，从而创造整体效果。

（3）城市细部照明是在城市夜景观规划的指导下，对具体城市元素（街道、建筑、园林、小品、水体、山体等）进行具体、合理的照明设计。与上面的层次相比较，城市细部照明设计要以造型和美学为出发点，更需要电气工程师的密切配合（图 5-36）。

5.3.4　城市景观照明设计要点

5.3.4.1　城市总体层次的景观照明设计要点

（1）反映城市文化特色：在城市夜景景观规划设计中，突出城市自身独特的文化特色是城市照明的一项重要目标。灯光的设计、布局、色彩以及照明方法均应该突出城市的文化特征，使城市夜景观与城市文化形态相得益彰，互相衬托。

对于具有悠久历史的城市，城市照明的重点应该放在城市传统格局的渲染上面，灯光主色调应该以温暖、沉稳的色调为主，并注意照明方式应顺应城市历史格局，重在勾勒城市的轮廓，尽量减少人工痕迹。

对于现代城市或者城市街区来说，城市照明的手法、色彩、照明方式、氛围设定应该在突出城市结构的基础上追求夜景观的多样化以及照明效果的时尚感（图 5-37）。

（2）烘托城市结构特征：城市结构由城市的点、线、面三个层次构成。点即景点，线即街道，面即景区。夜景观的规划设计应当从这三个方面进行。景点具有强烈的形象性和特色性，最能反映出城市的特色；城市中各种类别与方向的道路纵横交织，它们联通了城市中不同的点和景区，一个城市要想在夜间继续行使功能，那么它的道路也应该是一个整体，将景点连接形成网络后，就生成了面，即是景区。景区的划分主要依靠城市的功能布局和道路结构，城市景区划分应有所侧重，但景区内景点的分布则宜集中。景点的照明方式设计上，应当反映景区自身特色，力求与城市夜景的统一。

图 5-34　多变的灯具造型为城市夜晚带来了动感

图 5-35　街区照明尤其需要注意气氛和安全的取舍

图 5-36　水体的照明可以烘托出神秘的气氛

(3) 明晰城市轮廓：城市轮廓是城市形态的重要表征元素之一。在总体层面灯光照明设计中，应注意采取适当的照明手段勾勒出城市轮廓，使得城市在夜间仍具有自身独特的标识性，城市轮廓的照明重点在于城市天际线的夜景刻画与氛围渲染（图5-38）。

5.3.4.2 城市街区层次景观照明设计要点

(1) 凸显街区轮廓。在街区尺度上，街区的轮廓照明可以较为直接地刻画出街区的形态特征，并从整体的角度概括出街区的性格。

(2) 绿化街区中心照明。街区中心一般聚集了街区的大多数公共设施与公共空间，其景观形态是街区的核心标识与街区精神的集中体现，对城市中心区照明的强化有助于明确照明重点、渲染街区氛围。

(3) 渲染主要景观照明廊道。路径是构成城市环境的重要元素之一，并且是最为重要的元素，因为它不仅划分了区域，还承担了运输和人的活动，是公众体验城市环境的重要通道。而且，结构清晰的路径还有助于公众辨别方向。对应于城市夜景观环境，路径相当于其中的景观照明廊道，廊道照明的强化是街区层面照明设计的重要方面。

(4) 刻画街区关键节点照明。对应于凯文·林奇的城市五要素的节点，街区关键点对于城市夜景观的形成起着画龙点睛的作用。街区关键点主要包括街区主要出入口、主要标志性建筑、街区公共绿地、主要道路交叉口等场所等。对于街区关键点的照明设计，应采用高亮度、多样化色彩等设计策略，使得此区域的照明效果明显高于周边环境，形成照明区域。

5.3.4.3 城市细部层次景观照明

(1) 建筑景观照明

在城市细部层面，建筑无疑是一个非常重要的方面，建筑围合了城市空间，形成了城市标志，构成了城市环境的主体，良好的建筑照明是城市夜景观不可或缺的重要条件。在白天，建筑的形象和内涵是以太阳为媒介来实现的，到了夜晚则是通过灯光的明暗、色彩、动静等独特的语言对建筑所承载的元素和内容进行诠释，来实现或重塑建筑形象。

建筑物照明与其他城市元素照明有很大的不同，它在原有建筑的基础上通过照明的明亮度变化、色彩变化来展示建筑物的特点。因而建筑照明必须要综合考虑建筑物的使用功能、建筑风格、结构特点、表面装饰材料、周围环境特征等情况。

图5-37 现代城市夜景照明重在突出多样化与时尚感

图5-38 夜景照明可以明晰城市的轮廓，使城市特色具有可识别性

为了合理地进行建筑照明设计，应注意下面四个设计要点：

① 照明面的选择。建筑物照明从哪个面照射最好，一般根据观看的几率多少来确定，观看几率多的面应定为照明面。

② 照度的选择。照度大小应该按建筑物墙壁材料的反射系数和周围亮度条件来决定。相同的照度照射到不同反射系数的壁面上所产生的亮度也会不同。为了形成某一亮度对比，在设计时还需要对周围环境的综合考虑。如壁面清洁度不高、污垢多，则需要适当提高亮度；如周围背景较暗，则只需较少的光就能使建筑物亮度超过背景。

③ 光源的选择。应通过各种光源的色表、线色性等光谱特性和色调来实现设计要求，达到一定的照明效果，注意光源颜色的协调一致。

④ 灯具的选择。建筑立面照明主要采用投光灯具。窄光束投光灯具光束集中，投射距离远，适用于高层建筑的立面照明；宽光束投光灯照射面广，亮度较均匀，适合于多层建筑的立面照明，大功率投射性宽光束投光灯适用与大面积立面的高层建筑立面照明（表5-1）。

（2）街道景观照明

街道照明有两方面的要求，一是街道照明的技术性要求，二是街道照明的艺术性要求。

① 道路等级对照明的要求。道路景观照明光源与灯具的选择是根据道路的等级进行的，在我国城市交通规划中，对道路等级划分为主干道、次干道和支路三个等级（大城市还有快速路）。

在进行道路照明设计时，可以首先根据我国现行的《城市道路照明设计标准》进行相应的照明等级划分，并结合大量实际调查包括道路状况、车流量和行人流量、周围环境状况，特别是建筑风格、色调、历史文化内涵，以及与建筑的位置关系等，研究规范范围内各条道路在城市景观、经济、发展上的特性，对传统的道路照明等级划分进行结合，从而提高或降低照度、均匀度、显色性，调整并决定光色、灯具的尺度、风格、形式、材质等，使不同路段体现出不同特色，最终达到功能性与景观性的有机融合（图5-39）。

街道照明要符合车行和人行的不同要求，设定必要的照度，车行道的照明灯形式要简洁，人行道的街灯要符合人的尺度，造型可以丰富多彩，但风格要统一。

② 道路景观照明设计要点

首先，应该注意照明设施在道路空间中的体量感。道路是构成城市环境风貌和城市环境的组成部分，其中城市照明设施主要由车道灯、步行灯、草坪灯、景观灯等构成（图5-40）。

车道灯与步道灯是功能性照明，虽然在光度上并不起装饰性照明的作用，但由于它们的体量太大，对街道空间形体有不小的影响。从城市设计角度看，街道的意象是建筑和街区空间环境的综合反映。高质量有特色的街道空间环境比建筑更容易体现城市特色，作为城市商业环境中的道路，具有渠道（人、车的交通与疏散渠道）、纽带（连接商店、组成街道）、舞台（人们在道路空间中展示生活、进行各种活动）的作用。因此我们应该在满足功能照明的同时，侧重研

户外杆式照明类型 表5-1

高杆照明	中杆照明		低位照明（低杆照明）
（高度15～30米）	道路照明	庭院照明	（高度1.2米以下）
	（高度6～9米）	（高度3～6米）	
1. 位于环境的中心位置。 2. 设置时应创造中心感，并成为视觉环境的焦点。 3. 成本高、安装和维护难度大。 4. 要求具有很高的安全性。 5. 光源为高功率的高压钠灯或者金属卤化物灯	1. 主要设置在路面宽阔的城市干道、行车道两侧，为机动车所用，要求保证路面的亮度。 2. 确保灯具不能有强烈的眩光干扰，以免影响行车视线要求。 3. 要求路面照度均匀，沿道路长度方向连续布置，发挥道路空间光的引导作用。 4. 以高压钠灯为主	1. 常常用于非机动车道，如步行街、商业街、景观道路、公园、广场、学校、医院、住宅小区等。 2. 除保证路面基本的亮度之外，利用灯具的光影组合，形成富有韵律的休闲环境。因为其高度较低，人们易于感觉到它的存在，所以要根据环境的气氛精心设计灯具的外观造型，并使其具有良好的安全性和防护性。 3. 主要使用高压钠灯、金属卤光灯或荧光灯	1. 灯具布置较为灵活，可以成组设计，也可以沿路径线性布置。 2. 在靠近树木或花卉、灌木处，进行重点装饰照明。 3. 强调光的艺术效果，如在地面上的javascript:;光斑。 4. 主要使用节能灯和卤素灯

究行人对道路空间体量和尺度的感受，提高其在空间上的合理性与美观性（图5-41）。

一般来说，常规照明的车道灯的灯杆高度为7～15米，人行道上的庭院灯高度则一般为2.5～6米。如果道路与两边建筑物的高宽比以H/D=1为主（H为建筑高，D为路宽），再穿插一部分H/D=2的建筑，这样的空间尺度关系既不失亲切感，又不显得过于狭窄，容易形成独特的、气氛热闹的空间。路灯高度与车道宽度也具有一定比例，H/D=1使人感到尺度正常、可以接受（H为机动车道路灯高度，D为机动车道宽度）；如果H/D≥1，就会使人感到灯杆和道路之间不协调，产生压抑感；当H/D≤1，则形成紧凑近人的尺度（图5-42）。

灯具悬臂的长度也需要考虑。悬臂是为了使灯头的部分挑出一定的距离，使路灯能够以小仰角投射更大范围路面。另外，在浓密的林荫道上，长悬臂可以绕过树冠将灯光投射在路面，减少树冠对灯光的遮挡。但随着灯具的反射罩设计技术的不断提高，使反射后的发射中心调整到更远或者更特殊的范围，因此短悬臂甚至无悬臂的路灯也在逐渐满足照明需求，短悬臂不但使路面照度均匀度达到设计标准，还能节省耗材，成为现代城市市政设施的一个标志。

其次，灯具的排列方式需要与周边环境相协调，双排对称排列的方式具有良好的对称感，可以凸显道路的宏伟，适宜应用在景观大道和较宽的道路。而单侧排列则简洁整齐，导向性良好，布线方便。双排交错排列的均匀度良好，但诱导性差，布线也较复杂。中央排列对体现道路景观、减少立杆、节约材料等方面十分有利，但如果车行道和人行道过宽则需要设置更多的灯具进行补光（图5-43）。

随着城市道路周边环境的复杂化，视觉通透性要求逐渐提高，护栏式照明利用高架道路、隧道或桥体两侧的护栏装配照明设备来照亮路面。它的优点是：隐蔽性好，结合护栏设置不会看到灯具，没有灯杆会让视线非常通透，另外由于无须立杆，可以减少其对高架道路、桥体的毁坏。但是它也有弊端：当路面纵坡较大时容易产生眩光，且难以处理；它的发光范围有限，路面均匀度也差，垂直照度也比较低。目前这种照明在景观园林中应用得更广泛些。

再次，要注意选择合理的光源。无论是在哪个国家，当前的道路照明相关标准均以机动车道的照明为主，

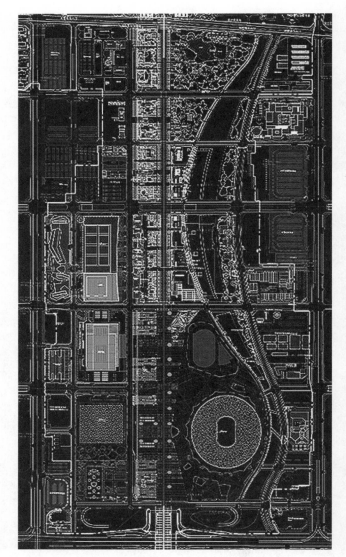

图5-39 北京奥运形象夜景照明设计灯具位置详图

图5-40 北京奥运形象夜景照明设计灯具鸟瞰效果图

考虑的重点是机动车驾驶员的行驶需求，人行的需求被放在次要地位。只有在景观大道或较宽阔的大道才会单独设置步行道，大部分人行道的照明依靠车道灯提供，导致了行人的照明质量很低。因此对于一些生活性支路、小路、游憩路，在满足同样照度要求的前提下，应该尽量减少大功率高压气体放电灯的使用，多使用紧凑型荧光灯，因为它们的耗电少、光色丰富、发光温和、显色性也远远高于高压钠灯，适宜的发光强度能减少对视觉平衡的破坏，同时也能形成良好的视觉层次。

最后，是需要关注灯具风格的艺术性。道路灯具的造型是否优美，取决于其是否能体现当地历史文化特色，是否适应城市的发展需求，是否受到大多数民众的喜爱。灯具的造型应该能够与所在城市的文化特征取得一定的呼应关系，并能强化城市的特色。

③ 广告景观照明。各种形式的广告在城市夜景观中占有相当大的比重。现代城市中，电子显示屏、霓虹灯广告、牌匾式广告等比比皆是，极大地丰富了城市景观。但是在我国很多城市中，广告作为商业景观还远远不够成熟：很多广告照明明显缺乏艺术性，布置也缺乏统一的规划管理。这不仅降低了广告的可读性，又损害了城市夜景形象。因此把广告照明纳入城市夜景观体系中，对其进行合理的设计和引导非常重要。

④ 水景观照明。水是广场、绿地的重要景观组成元素，水面的夜景照明方法主要是利用水面造景实景和岸边树木及栏杆的照明在水面形成倒影，倒影与实景，相互对照、衬托，正反相映，加上倒影的动态效果，效果别有情趣。

⑤ 植物景观照明。植物的品种繁多，千姿百态，除了美化环境供人鉴赏以外，还有调节和保护环境的功效。同时也是城市景观中富有生命力的元素，其形态和颜色会随着季节的变化而变化，植物的照明则能够反映这一特征。

另外需要注意的是，植物照明方式和灯具的布置位置应根据树木高矮、大小、外形特征和颜色等区别对待，不同种类、高度和色彩的树木以及同一树木的不同季节都需要不同的照明设计方案。

⑥ 园林绿地景观照明。对于园林绿地照明，应注意掌握照明的度，不能过度照明。目前国内园林绿地照明设计突出的问题就是色彩过艳和亮度过高，这样

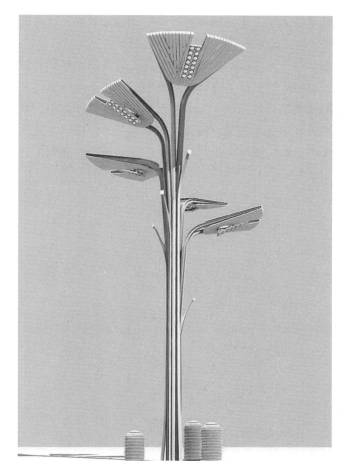

图 5-41　北京奥运形象夜景照明设计灯具立面效果图

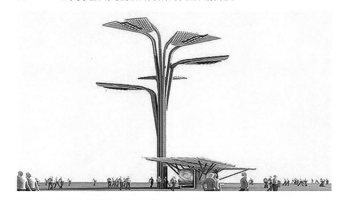

图 5-42　北京奥运形象夜景照明设计灯具尺度比较

图 5-43　北京奥运形象夜景照明设计灯具实景效果

不仅让人觉得庸俗怪异，还破坏了视觉效果，使人失去了对空间立体感和层次感的知觉。

对于园林绿岛景观照明来说，灯具的选择和安放位置也非常关键。园林绿地照明的对象不同于室内照明和建筑环境照明，其主要目的是增强植物效果，营造一种朦胧的景观。因此在光源类型上，应该尽量选择可控制、调节力比较好的光源，尽量减少使用普通的泛光照明灯具。灯具的布置应该力求隐蔽。

⑦ 景观小品景观照明。雕塑小品基本可以划分为两大类：观赏性的和纪念性的。由于其一般在城市中具有独立分布的特征，其设计方式类似于植物照明，从小品的特征、特别是关键的部位，采用侧面自上而下透光，而不是从正面均匀照射，这样才能造成动态真实、光彩适宜、立体感丰富的照明效果。

第6章
城市形象景观设计的趋势及展望

6.1 城市形象景观设计趋势推测

城市形象是城市整体的精神形象的概括化表现。作为城市名片的城市形象，既包括城市建设的整体风貌，也包括城市蕴含的文化内涵，以及城市居民所体现的价值观、文化修养、知识水平和人生观等。城市形象不是自发、自在的对象，而是通过发挥人的想象力、创造力，并借助现代科技呈现出来的，这就需要城市形象景观设计的介入，通过它将城市的整体外部形象、精神面貌等因素加以修饰、打磨，并最终以艺术的方式呈现出城市各自独特的形象景观（图6-1、图6-2）。城市形象景观设计促进了城市的全面发展，有利于打破我国城市建设的雷同现象，创建立体化的城市空间，进而创建城市的品牌。城市不应该仅仅满足人的基本需求，还应顾及人的精神生活，而通过形象景观的艺术化处理，则可以进一步使城市给人以舒适、宜人的感受。

城市形象景观设计正处在快速发展过程中，主要表现设计理念在不停地变化，有的受西方后现代思想影响，有的从中国传统文化中汲取资源，有的走中西融合的道路，在实际的设计及实现的过程中各种做法层出不穷，可谓百花齐放。然而这只是目前的做法，对于形象景观设计的未来走向，我们同样也比较关注，因为我们总希望现在的设计能够长时间地保存，不在短时间内被淘汰，这样既节省资源和经济成本，也可以延续城市形象景观设计的传统而不是传统的断裂，所以有必要对其发展趋势进行推测。虽然这种推测带有一定程度的不确定性，但仍然有着非常重要的意义。

首先，就是设计观念的导向作用。具体表现在：

图6-1　城市需要借用景观设计来呈现独特的面貌

图6-2　自然景观是城市景观重要的表现元素

第一，在一定程度上决定着目前城市形象景观设计的实践。其表现在形象景观设计上也是如此，展望未来的设计，先进的设计理念不仅仅表现在纸面上，而且还左右着目前的设计及实践，会起到坐标参照的重要作用。形象景观符不符合未来的设计理念，变得非常重要，这也是可持续发展思维影响的结果。不符合或不太符合未来设计理念的形象景观设计可能就无法取得业界的承认，反之，比较符合未来设计理念的形象景观设计则会得到推崇，并加以发扬。第二，对未来形象景观设计的发展趋势起着理论先导的作用。理论的一个重要特点就是超前性，理论思考是将来一个阶段的问题，是对未来设计理念的设想，这是非常重要的。有了对城市形象景观设计的预测，就能对未来的设计理念有所展望，并指导设计及其实践（图6-3）。

图6-3 城市居民的素质和城市形象景观之间会双重影响

其次，为制定科学的设计规划和政策提供切实的依据。作为城市形象景观设计，它本身也有自己的发展规划，也有相应的政府政策。那么形象景观设计规划制定的依据是什么呢？首先是依据城市现有的形象景观设计及城市发展的规划。作为规划，自然就是对未来十年、二十年或者更久的发展的预想，这就必然要有对未来城市形象景观设计发展趋势的预测作为依据，否则任何规划和政策都将沦为空谈。而且这预测本身不是一般的简单的理论分析，而是通过结合实际，从最切实的实际出发，运用前瞻性的理论做出来的。因此，必然能够为制定科学可行的城市形象景观设计规划和政策提供保证（图6-4）。

图6-4 20年后的城市景观是怎样的？还会是钢筋水泥的丛林吗？

再次，是管理决策和提升设计水平的重要条件。正确的管理决策能够使城市形象景观设计达到预想的效果。而正确决策的前提之一，就是对形象景观设计做出预测，并依此为基础判断某种或某系列的设计是否符合城市的风格和居民的审美品位。而且预测也可以对提升设计水平起到重要作用。设计是不断发展的，因此，在具体的城市形象景观设计中就不能故步自封，而是要有不断创新的意识，这样就保证了设计不会雷同（图6-5）。

图6-5 寻找到契合现代城市的景观设计是问题的关键

最后，能够推动城市全方位发展。城市形象景观设计与设计的实现本身就是促进城市多层面、多角度、立体化发展的过程。它一方面推动了城市建筑、景观等硬件设施的发展，另一方面也推动了城市风貌、居民人文素养等软实力的发展，从而促进了城市的物质文明和精神文明建设。而对未来设计趋势的预测也在此基础上推动了城市的发展，因为预测本身针对的是城市未来美好的前景，体现了人们对城市未来的向往。尤其是体现在观念上的推动，它将推动城市设计理念的进步。

6.1.1　城市形象景观设计趋势的发展特点

城市形象景观设计发展到 21 世纪，已经具备较为完整的规模，行业内部各项工作进展的有条不紊。总的来讲，有以下几点：

6.1.1.1　"以人为本"的设计原则

"以人为本"作为一种准则，不仅仅讲人是发展的根本动力，而且也讲人是发展的根本目的。以人为本的观念不仅适用于整个人类这个宏观的层面，而且也是城市形象景观设计的重要原则。设计的直接目的是构建城市的风貌，其最终目的是实现人与自然的和谐共处。城市以及形象景观设计都是通过人的智慧创造出来的，当然其适用对象也是人。所以以人为本的设计准则是形象景观设计的根本原则。然而国内许多城市形象景观的空间设计却无视人的主观感受，对设计的审美效果重视不够，这样的设计就不够人性化。所以我们在塑造城市形象景观时，应该从人们物质和精神方面的需求出发，如行为习惯、心理需求、审美需求、文化风俗等。城市环境优美、形象生动、个性特色鲜明，进而使居民身心愉悦。以人为本的设计原则还包括侧重于从人的身体尺度出发，增强设计空间的亲近感和直接的认同感；注重多元化、全方位的城市空间领域的构造，满足不同层面、职业、趣味和年龄、地域来源的居民的心理需求及生活习惯；设计不只是单向的输出，即对居民产生的观赏作用，而且应该是双向的互动，让居民参与到设计所展现的城市空间中去，使他们感受到主人翁的地位，同时还要设计足够的无障碍基础设施，满足老年人和残疾人的审美和娱乐需求；设计是开放的，主要是观念和实践上的开放，在观念上对居民不同的需求不存在偏见，一视同仁，在实践方面，形象景观设计要打破"画地为牢"的陈旧的设计方式，将设计周围的护栏、障碍铲除，让设计的完整空间与居民融合在一起，让居民无障碍地享受设计所带来的快感和美感（图 6-6、图 6-7）。

6.1.1.2　以生态环境的可持续性为前提

城市形象景观的生态平衡，主要依赖人力传递不同性质的物质和能量来协调和维持。伴随着改革开放和我国社会主义市场经济体制的改变，以及由此带来的我国整体范围上的变动，极大地影响了城市的发展，表现在城市形象景观上也特别显著。由于人类操控着城市生态的构建和运行，城市的生态系统被人类的活动大大地改变了，很难保持其本身的连续性和完整性，概括地讲就是被异化了。所以人类过度地改变生态系统，就很容易导致城市生态的恶变，城市的可居住性和舒适程度就大大降低。这不可避免地带来了城市形象景观的不协调发展。

随着城市整体生态环境的急转直下生态环境问题已经成为人们忧心忡忡的问题。人们开始在形象景观设计中重视生态环境的价值和作用，包括美国的著名景观设计家斯蒂特在内的许多人都注意到了这个问题。斯蒂特认为，进行景观设计之前，需要对城市的各种地形、地势的自然条件进行生态学层面的检测，进而决定什么形式的设计适合什么样的自然环境，促使整个环境中正在运作的生态张力在设计中得到刺激，因

图 6-6　可供人欣赏夜景的散步平台，色调温暖平易近人

图 6-7　无障碍坡道的处理

构建出一个比现存的任何设计都更为适合城市生态环境的形象景观设计。受斯蒂特的影响，景观设计行业开始了一次变革，主要人物是麦克哈格，他的著作《设计遵循自然》一书产生了长久而巨大的影响。麦克哈格从生态的视角坚决反抗欧洲长时间流行的城市和区域中功能划分的方式，将城市景观看做一个完整的生态整体。他从根本上拓展了景观设计的视界，使景观设计发展得更为迅速，而且由于关于生态环境的持续性问题，与人类的可持续发展关系密切。

因此，从生态环境的可持续性角度出发，城市形象景观设计要关注形象景观的地理条件如地形、地势、植被的基本情况，使设计符合其自然形态规律并以艺术的形式美化。而且最重要的是，设计要考虑的是生态环境的可持续性问题。形象景观设计必然会对自然中的水体、植被等采取措施，依照人类的想法改造自然，然而这种改造不能是任意妄为的，要有一定的准则，这就是生态的可持续发展原则。可持续发展是指在满足当前的形象景观设计需求的前提下，又不肆意地破坏生态，不对人类赖以生存的自然加以破坏。具体反映在形象景观设计方面，就是植被、水体、天空、水土处在合乎自然规律的变化中，既使人舒适，又使自然不遭破坏，人与自然和谐统一。

形象景观设计与自然协调，改善及保护居住环境，坚持生态的可持续性，也是今天形象景观设计的重要任务。从根本上说，21世纪的城市形象景观设计就是处在从人与自然割裂、相对立的阶段走向与自然和平相处、共同谋发展的阶段，城市公共空间设计的最终目的就是达到人与自然的协调、融合（图6-8）。

6.1.1.3 设计体现地域特色

地域性景观是一个区域的自然景观与人文精神的概括，包含气候特征、地势地形、地质水文、植被资源、动物资源等组成的自然资源及历史上遗存下来的文化

图6-8 城市中的生态设计案例

名迹等。不同的区域景观体现着不同城市价值观念的特征。

而城市形象景观设计的一个重要特点就是体现出本区域独具特色的景观特征，彰显区域独特的景观内涵，其中包括自然性的景观和具有人文特色的历史性景观。城市自然条件的不同，以及城市居民受教育的程度、价值取向、审美倾向的不同都对形象景观设计产生直接的影响。因此从理论上讲不同城市的形象景观设计应该体现出不同的特色来。但是我们会发现如今的城市形象景观设计模仿的风气此起彼伏，好的设计理念与实践被不停地模仿、复制翻版，这必然会导致景观设计的千篇一律，毫无新意，如此不可避免地使居民产生审美疲劳，景观当然也就没有什么吸引力，达不到景观设计的预想目的（图6-9、图6-10）。为了从根本上改变这一没有生机的局面，城市公共空间的设计应该是开放的，景观的组合应该从地区局部的自然景观和人文景观的不同特色出发，充分利用区域独特的人工和自然景观因素，比如最大限度地使用富含地方特点的建筑、装饰方式以及建筑原料、地域性植被，强化地方特征、体现地域文化，构建出适应地域自然和人文特点的景观形式。地域文化作为世世代代累积沉淀下来的风俗习惯和价值观念，深深地体现在人们的生活实践中，是一种在潜移默化的过程中形成的共同的文化心理结构。地域文化具有生命有机体的特征，它通过自组织来维系自身系统的运行。如果将区域地块看作躯壳，空间的架构看作骨骼，交通看作血管，那么地域文化在景观设计中就象征着贯通有机体各处的血液。由此可知，缺乏了地域文化的形象景观的公共空间就像无源之水，无本之木。所以，在实践中的形象景观设计对空间的塑造应该发掘地域文化资源及其深刻内涵，使其既能体现传统地域文化又能体现现代科技文化的魅力，塑造出富有创意和特点鲜明的开放景观空间。

6.1.1.4 简约的设计手法

所谓简约的设计手法就是指将设计的元素、原料等因素控制到最少的程度，以简约概括的手法表现城市形象景观设计的本质特征。它减少了不必要的装饰和表现方式，实现了以小见大、以少胜多、以简胜繁的效果（图6-11）。简约不是简单，是通过极具概括的设计样式，以新材料、新技术、新手法为基础，契合居民的新思想、新观念，达到与居民生活完美融合

的境界。

　　所谓简约的设计手法，具体体现在以下几个方面，即：第一，注重形象景观设计的功能主义特征。功能主义是 20 世纪现代主义设计中非常重要的观念，它是指在设计中注重设计终端的功能的好坏与实用程度的高低，即任何设计都必须保障设计的功能及其用途的充分体现，其次才是产品的审美特性。具体反映在城市形象景观设计上，就是不再以设计的形式感为单一考虑的因素，而是注重实现设计的功能性与方便性和形式感的统一。作为城市形象的重要组成部分，形象景观设计要彰显城市独特的文化、风俗及精神内涵，这是毋庸置疑的。不过设计首先要实现其自身的功能，如城市广场就是作为聚集居民的场所，设计的首先目的应该集中在这个层面。第二，设计方法的简约。现代城市形象景观设计往往大兴土木，拆迁不断，以新代旧，把原来的景观推倒重建，这是不理智的做法。按照简约的设计理念，新的形象景观设计应该充分利用原有的设计，采用简明的设计方式，尽量减少对原有景观的人为干扰。第三，设计效果的简约，即在控制设计成本的基础上达到最好的效果。形象景观中一直存在着不控制成本支出的情况，这也是管理层需要改进的地方。作为 21 世纪的设计，应该从"因地制宜"、"经济适用"的原则出发，践行节俭原则，设计出满足居民需求的景观来（图 6-11）。

6.1.1.5 新的审美原则

　　随着 21 世纪我国整体经济实力的大幅度提升，居民生活水平有了明显的改善，对生活的追求形式也发生了巨大的变化。与以往不同，如今精神层面的追求和享受成为主流。在物质生活满足的前提下，人们对美的追求就显得非常重要了。从某种程度上讲，城市形象景观设计在不断地推动人类物质生活环境变化的同时，还体现着人类审美能力的提升和审美趣味的转变。形象景观设计在承担着主要的使用功能之外，还是人们重要的审美对象，城市名片的重要作用在理论的层面上，无论是中西美术史还是工艺美术史都给予了它很高的评价。源自于传统园林学的现代城市形象景观设计理论，一直将美作为最高的境界，美的原则一直萦绕在设计家的思绪里。当今中国的形象景观设计在最大程度、最深的层面上体现着城市空间的美，同时还将现代设计所体现出的空间意识与城市蕴含的历史底蕴结合起来，反映出城市独特的意境，给居民

图 6-9　参照了圣马可广场钟塔的美国某城市建筑

图 6-10　圣马可广场建筑群构成了威尼斯的城市形象

图 6-11　简约的景观坐凳

以特殊的艺术享受和回味（图6-12、图6-13）。

当今社会较为流行，也是人们所遵循的是生态美学的审美原则。生态美学是最新兴起的美学分支学科，是研究人与自然的生态关系的交叉性学科，反映在城市形象景观设计上就是追求景观的审美特性和审美规律。中国古典的城市形象景观设计——园林的空间造型追求的就是自然美的境界。园林虽然是人工造成的，但其亭台楼阁无不透露着自然的美景，无不从园林狭小的世界通向广大的自然界。位于苏州市城南三元坊附近的沧浪亭，在苏州现存诸园中历史最为悠久。它始建于北宋，为文人苏舜钦的私人花园。沧浪亭占地1.08公顷。园子虽小，却是苏州古城南一座具有代表性的园子。亭子是四方通透的，地处高势，亭顶屋檐的设计是飞雁式的，很有艺术意味，象征着从有限通向无限，与通透的空间一样，与自然相通透，彰显着自然美。

图6-12　中国传统私家园林是古典审美的集中体现

图6-13　日本庭院设计源于中国，但已经与本地文化很好的融为一体

如今我们在进行现代城市景观设计时，也应当充分发挥具有中国艺术精神的生态美学观念，并与现代科技相结合，以体现出新时代的价值观念和审美观念。美学是观念层面的，潜移默化地影响着实践，中国当代城市形象景观设计在继承古典审美观念的同时，也吸收了现代主义的观念，因此有着极大的丰富性。所以讲审美原则发生了巨大的转变，具体地讲就是现代主义和生态美学观念的结合，在一定程度上扭转了工业社会对美的忽视的局面（图6-14）。

6.1.2　城市形象景观设计趋势的预测方法

方法论是做任何工作都要涉及的问题，一般会涉及完成任务的工具、手段、方法技巧。方法论的问题解决了，做具体工作的方法也就明晰了。

6.1.2.1　总体分析法

作为研究城市形象景观设计的重要组成部分，其趋势预测不可忽略，包含的内容十分广泛，涵盖了理论以及实证的多个方面。因此只有将多种推测方式结合起来，才能真正对城市形象景观设计的发展有所帮助。用单一、简单的方法来预测城市形象景观设计的发展趋势是无法取得满意结果的。

在有关研究城市形象景观设计趋势的方法中，有的从观察者主体的角度，探讨城市的形象景观特征和内在的社会结构之间的关系；有的则从以人为本的原则出发，提出如何让公众参与整个城市形象景观设计，

图6-14　通透、丰富的中国传统园林内部

使设计本身不再是抽象理念的体现，而是更多地体现着居住的人们的想法；有的还从形象景观本身的特征出发，寻找具体有形的设计表现和抽象的设计空间之间的内在联系；有的也从改善生态环境的角度，试图为人类构建可持续发展的城市环境等。所有这些关于城市形象景观设计的预测，目前非常丰富而且仍在不断发展。哪些将会对城市形象景观设计起到关键的作用，以及能否成为构建城市形象景观的策略方法，还需要我们努力去探索和实践。

下面介绍几种常见的预测方法。

（1）解析设计空间

解析是指从观察者主体的视角去描绘城市形象景观设计的空间表现的某种体验和感受，这是对未知空间分析的主要方法。在对城市形象景观设计的趋势进行研究之前，需要在此大环境中从观察者和被观察者的视角进行考察，如此经过身临其境的体验，才能提出具体可行的解决方案。空间解析便是记录这类体验的重要方法，它能够更完整地记录研究者的最初印象，同时也是形成初步研究构思的主要阶段。通过记录和进一步的分析，能够对目前城市形象景观设计的总体形势有着比较清晰的认识，并在此基础上预测未来的城市形象景观设计的走向。

空间解析的方式一般包括三种形式：

第一，手绘创作。观察者在实地考察之时，运用笔墨、色彩将当下的事物以艺术想象的方式呈现出来，这与素描有着异曲同工之妙。手绘是比较传统，也是比较有效的方式。城市形象景观设计中的图纸设计通常包括三种图，即构思草图、现场施工图及最后的效果图，手绘创作出的图就属于第一种。手绘所表现的东西是文字无法表述的，它将想象中的形象景观与现实中存在的形象景观进行组合、思考，以一种新的方式表现出来，这也是设计思维中重要的方式（图6-15）。

第二，文字表达。文字是人类文明记录的重要载体，是最贴近人们的文化形式，我们已经习惯于文字所传达给我们的信息。历史上的许多实物都随着历史的演进而泯灭了，只有文字的传承保存着人类的伟大成果。城市形象景观设计的实施也离不开文字，在进行前期的准备工作中，通过文字将观察者当下头脑中的感受和体验用文字表达和记录出来，为将来的预测工作打下坚实的基础。

第三，图片记载。实景图片拍摄有它无法取代的

图 6-15　庭院设计手绘草图

图 6-16　现代的摄影技术让记录变得更简单

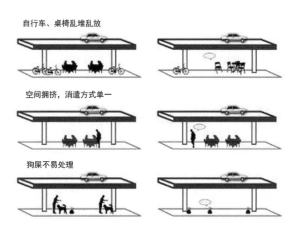

图 6-17　居民对道路现状现状的调研分析示意图

地位和作用，如何完整地呈现跨时间、跨空间的设计实物，这是非常重要的问题。在照相技术出现之前，人们只能采用手工绘图模仿建筑和设计，这种方式有其局限性，不能作为保存图像资料的完备手段。而图片拍摄就能解决这一关键的问题。图片记载并再现了现有的形象景观设计，它的保留对以后展开具体的预测工作有非常重要的价值（图6-16）。

在空间解析中将以上三种方式结合运用，对理解城市形象景观的现有状况以及未来的发展趋势的预测都具有非常重要的理论和实践意义。

（2）居民调查分析

居民是城市形象景观设计的所有者和使用者，对设计有着直接评价的权利（图6-17）。居民满意度的高低直接反映着设计水平的高低。所以在进行设计时要充分考虑到居民的感受和看法，在进行城市形象景观设计的预测时也要注重居民这一层面。具体表现在对居民进行心理调查，通过各种形式的调查，把居民的意见和看法反映上来。作为设计的最终拥有者，居民对设计最有发言权，其日常住行都离不开设计。如果设计考虑到居民的意见，为居民的日常生活创造便利的条件，这是非常好的措施。如在煤矿较多、空气质量不太好的城市，多建立一些绿化面积大的公园，树木茂密，大量吸收空气中有害物质，以及多建造室内休闲场所，用以居民锻炼身体。如此满足了居民的日常生活需要，也有利于社区以及社会的和谐。目前理念比较超前的城市形象景观设计中都有不少开始让

居民参与到设计的规划和具体的建设过程中去，使设计成果中充分体现出人的鲜活的因素来。而在国外，居民的参与程度就更高了，比如居民已经参与到设计的开始阶段，有的城市形象景观设计中让居民自己来描绘未来城市的形象和对社区的期望，把问卷调查作为预测未来设计发展方向的方式之一。

（3）图底分析方法

图底分析方法是18世纪意大利的金巴提塔·诺利创造的，他在绘制罗马地图时，将墙、柱和其他实体涂成黑色，而把外部空间留白，从而将当时罗马的建筑物与外部空间的关系清楚地表现出来，这就是图底分析方法的由来。图底分析是研究城市平面构图的重要方式，后来的研究者将图底分析方法与格式塔心理学结合起来，借以分析不同的城市构图带给人们的心理感受情况（图6-18、图6-19）。格式塔心理学是现代西方心理学的重要流派，学界也称为完形心理学，

图6-18 黑色的建筑体块与白色的路径分区明显，空间对比一目了然

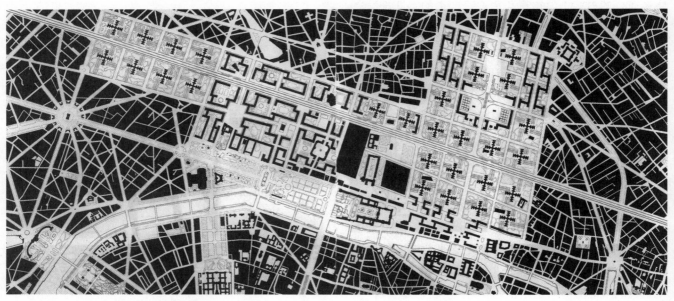

图6-19 20世纪初的城市规划也采用这种图底分析法

格式塔是德文"整体"的译音，意思是完形，就是指具有不同部分分离特性的有机整体。将这种整体特性运用到心理学研究中，产生了格式塔心理学，其创始人是韦特墨、考夫卡和苛勒。

概括地说，格式塔心理学是研究不同的图形给人带来的整体感受。图底分析就是研究平面图形之间如何组合的相互关系，通过考察不同图形给居民不同的心理感受，推测何种类型的构图更加适合不同地区的居民，从而进一步推测未来城市形象景观设计发展的目标。图底分析非常重视创造出完美统一的设计形式，通过对图形直观的分析，来构造城市形象景观设计，也为预测工作做了铺垫。如青岛旧城区的改造，通过图底分析方法构成"虚"与"实"结合的完形，把青岛旧城的城市结构体现无遗，从而指导旧城的改造和新城的开发设计。

图底分析方法非常注重完形的概念，这对未来城市形象景观设计的审美起着重要的作用。美是人类永恒的追求，尤其在未来人们物质生活极大丰富的情况下，对美的追求更是非常普遍。可以想象，未来的设计将是美轮美奂的。而图底分析所针对的就是设计的审美形式问题。

（4）美学元素的构建

如前所说，对美的追求也是城市形象景观设计的重要目标。这是为什么呢？究其原因，这与设计的本质是分不开的。设计是通过视觉传达的，所以要考虑到设计的视觉效果即审美属性，美不美就是评价设计水平高低的一个直观标准。城市形象景观设计中美学元素的体现主要在城市中景观不同角度的审美表现，局部空间的审美特征，以及整体设计的审美趣味。在具体的设计过程中要着重考虑到美学元素的构建，当然对未来设计的预测也不能遗漏。因此在做预测时，要充分考虑这点。首先，在构思的初步阶段，比如观念形成的阶段，要注重设计的艺术性，即设计师的思维要有艺术化的倾向。其次，在绘制草图的阶段，构图在考虑到实际用途之时也要顾及艺术性。作为现代城市形象景观设计的一个重要部分，美学元素的构建将艺术性引入到设计中，对建设和谐统一和多样化的城市形象景观起到关键的作用。因此，在对城市形象景观设计发展趋势进行推测时，艺术建构的原则是应充分考虑的（图6-20）。

6.1.2.2 虚拟技术法

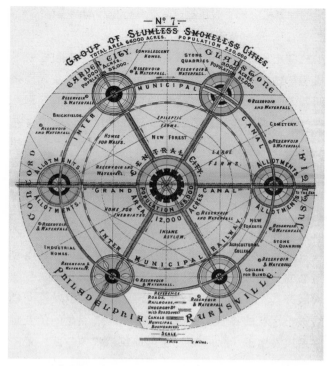

图 6-20　早期的田园城市就是基于美学元素规划的

现代科技发展迅速，出现了虚拟技术，它的特点是把时空中的实体资源转变为逻辑上可以按主观意愿操控的资源，以打破现实时空之间的隔阂。多采用计算机的虚拟技术来对城市设计进行分析，如 AUTOCAD 虚拟技术已经广泛地应用到各个领域。现代设计 Photoshop 、3D MAX 和 Corel DRAW 等，这些计算机应用技术的大量使用，使得如今城市形象景观设计的进行显得更为科学。当前计算机模拟技术已经完全可以完美再现形象景观设计中的诸多形式因素，例如 3D MAX 以三维的形式将建筑、装饰、设计中的立体结构完整地呈现出来，利用材料、光线、阴影等具体的数据模拟完全可以达到以假乱真的地步。另外计算机辅助技术也有许多可以利用的地方，比如它的一大优势就是跟传统的手绘相比较，能够将设计师中思维的设计雏形迅速地转化为可见的虚拟图像，还可以根据随时的需要选择设计样式。总的来讲，计算机虚拟技术和互联网的传播，使得设计更加简单和便捷，已经成为人们日常生活和工作中必不可少的重要工具。当然，作为对未来城市形象景观设计的预测，也离不开计算机和互联网技术的支持，它能提供诸多便利条件，并大大缩短预测工作的周期，进而减少人力资源成本（图6-21、图6-22）。

在城市形象景观设计及相关预测中，目前一般使用的计算机分析手段包括空间景观分析和动画模拟技术。

（1）空间景观分析

城市形象景观设计中要解决的一个重要问题就是模型构造，尤其是三维空间中的布局。如何准确地按照实物去构造模型呢？这是一个难度比较大的问题，在计算机模拟技术出现之前，一直困扰着设计家。在计算机运用广泛的今天，这些已不是问题。我们在使用计算机对城市空间进行分析时，经过对现场的勘察研究，可以在计算机中十分准确地模拟出不同区域的实体空间模型。这就是空间景观分析的方式，具体来讲，就是在城市区域布局中反映不同人流所造成的点状的视觉形象特征，并针对不同功能要求提出相应的有创造性的空间节点。空间景观一般是依照某一主题分层次展开的，往往沿着重要的城市活动方向以及空间轴线进行点状的布置。所以要顾及不同节点之间的互相联系以及主题上的一致。通过计算机模拟方式，对不同空间里的景观及其周围的环境进行再现，借以反映真切的视觉效果。概而言之，空间景观分析利用计算机模拟技术，通过不同角度的画面的展现，形成主次分明的设计框架，并对完成城市形象景观设计起到关键的作用。当然空间景观分析在预测未来城市形象景观设计的走向时意义也是非凡的（图6-23、图6-24）。

（2）动画模拟技术

城市形象景观设计着重于城市的动态发展，从动态发展的视角去解析城市的空间构成成为当前城市形象景观设计的重要方式。而随着计算机和互联网技术的盛行，出现了设计领域的动画模拟技术，它将城市

图6-21　效果图可以让景观方案更直观的展现出来

图6-22　现代技术可以让渲染图足以乱真

图6-23　城市日照模拟分析示意图

图6-24　城市通风模拟示意图

中的实体通过计算机成像的手段在计算机中再现出来，然后加入植物、历史遗迹、风景、人物等城市中实存的事物，真实再现城市空间领域中的活生生的场景。此外动画模拟技术把时间的观念加入到空间的分析中，时空结合以成现实，更加形象、具体地模拟不同时间、不同地点的光线和其他自然条件等外界元素，从而展现城市中的场景在不同外界条件下的视觉效果。由计算机生成的城市形象景观体系，植入到整个城市环境去进行动画演示，进而从多角度去观察现有空间模式的优缺点。比如对城市立交桥的设计，就可以采用动画模拟技术，用计算机模拟汽车的轨迹，体现出极为相像的比例关系和材料效果，并通过模拟确定立交桥的宽度和高度。当然由于这仅仅是是模拟的情景，可能还要对模拟的结果进行一定的修改和调整，不过这种修整是十分便利的，在计算机上就完全可以实现。

在国外运用动画模拟现实中城市的形象景观来开展对城市设计的分析，已经成为业界的主流形式，在中国也是如此。同时，新技术的出现和新软件的持续开发也为更加科学地预测城市形象景观设计的发展趋势提供了非常重要的帮助。比如，城市中的水体景观设计预测，这项工作在现实中很难进行得很好，因为天气、周边环境等因素很难丝毫不差地再现出来，而计算机就能够很方便地解决这一难题，既能节省资源，而且计算机本身又可以对预测的结果进行分析，省去不少人力。但是仍然要看到，我们所处的世界不是完全虚拟的，还有实在的物理世界，因此计算机虚拟技术不能代表全部，也不是我们获取城市设计信息的唯一手段，把它作为一项技术来看待更为合适。让计算机协助我们的预测工作，而绝对不可以让它来操控我们的思维。无论如何，城市形象景观设计及其预测仍然是主观和客观、科技和人文的结合，离开了人的思考和推测能力，是无法实现的（图 6-25）。

图 6-25　一帧城市中心区设计模拟动画

6.1.2.3 建模法

城市形象景观设计中空间内部的关系，是其构成中的重要因素，为了更准确地把握城市中空间实体的不同体量之间的相互关系，设计师一般会采用建立空间模型的方式来解决问题。空间模型是展现城市形象景观特点的重要方式，具有更为贴近于实际和便于观摩的优势。它最大的优点在于其精确性，精确地再现真实空间中实物之间的位置关系。虽然计算机模拟技术也可以建立起高仿真的空间模型，不过实物模型更有触感，观察起来更为直观，所以空间建模依旧是探讨城市形象景观设计系统中非常关键的一环。

空间模型起作用的环节是由初级阶段往更高的阶段过渡之间，初级阶段是指城市形象景观设计预测的构思阶段，在已有的理论和实践成果的基础上，做基本的判断和分析，然后再利用图形和图像的方式做进一步地分析，接着就是建立空间模型的阶段。空间模型的建立定位了创意效果，初步构成了城市形象景观设计的预测模型。在空间模型的构建中主要分为理念模型、研究性模型和效果模型三种类型，不同的模型类型会起到不同的作用。

（1）理念模型

如何将设计观念转变为设计成果，这就存在着如何从〝胸中之竹〞到〝手中之竹〞的问题。设计绝不只是理念，理念再好，只要没有在现实世界中表现出来都不是设计，城市形象景观设计也是如此。所以从观念到实物的第一步转换非常关键，这就需要理念模型的搭建。理念模型既是理念的体现，又不纯是理念，而是有一定的实物体现，不过保留着浓厚的观念特征，有较强的主观性、理想性。城市形象景观设计中的理念模型一般是设计初期形成的空间意象的草案，特点是其最终目标不具有精准度和完美性，而只具有探求创意理念与现实环境的契合度，从而形成正确的思维模式。通常理念模型只是选择简易，具有概括性的几何造型，造成大概的轮廓，从而突出创意理念。概而言之，理念模型简化了空间体量之间繁杂的装饰细节，采用的大多是极为简化的、容易理解的空间实体结构。理念模型的构建在设计初期和预测的初级阶段都是非常重要的，这是因为它方便于修改、调整以及补充、完善，当然也可以完全打破原有的格局，重新建立，从而寻找最佳的设计方案（图 6-26）。

（2）研究性模型

在构建理念模型之后，接下来推测工作的重要工作就是进一步分析何种模型更加适合作为未来设计的对象。这就需要建造研究性模型，它是一种比理念模型更为复杂的空间模型，主要用途是通过一定理念分层次的建设，细化设计的预测工作。研究性模型通常有很多，而且往往不是一个完形的空间模型，不是一个封闭的空间，比如道路与水体的结合，建筑与植被的结合等，当然还有更大范围的，例如涵盖城市中不同区域的模型。总的来讲，研究性模型为城市形象景观设计的研究及预测工作奠定了重要的基础，为形成成熟的模型创造了极好的条件（图6-27）。

（3）效果模型

效果模型是在理念模型、研究性模型的基础上形成的，但与两者又有着明显的区别。一方面从表现形式上看，效果模型是最终的、确定的设计成果的模型；另一方面，从内在本质上看，它是实在的，与现实的相似度非常大，理念、研究性模型却是虚拟的。因此效果模型在外观尺度、材料、颜色以及几何构图上有着精确的要求，甚至采用更为精密的技术保证其与现

实物造成的最终效果尽量保持一致。比如有的效果模型加入高仿的植被背景以及光线，给人以真实的效果。虽然效果模型能够通过各种先进的科技手段解决仿真的难题，但是它也仅仅只是模型，而不是实物，与现实仍然存在着明显的差距。因为它不可能表现出城市居民日常工作和生活的形象景观环境的多样性特征，只能够是侧面的单一的反映，而且模型本身充满着理想化的因素。如今在国外，兴起一种潮流，在进行设计预测时，设计者尝试将效果模型与研究性模型结合起来，创造一种介乎二者之间的特殊模型，它综合了二者的优点，既能展示出城市形象景观设计的最终效果，也能表现城市空间的形象特征和创意理念。

以上是对空间模型中三种类型的概述，总的来说，它们对城市形象景观设计的发展趋势的预测都有重要的作用。从更高的层面看，空间模型也只是表达城市形象景观设计成果的一种方式，还是不能完全模仿出复杂、充满着变化的城市形象景观。所以，在对城市形象景观的研究和预测中，要采用多种方式，结合其他的技术手段进行多层面、多视角的探讨。

6.1.3 探讨城市形象景观设计的发展趋势

在探讨方法论之后，接下来我们将做的工作就是

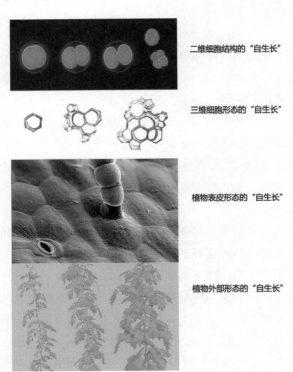

"自生长"是自然界在不断循环往复的一个状态，地球生物由一个细胞单体（LUKA）不断自生长才逐渐发展到现在各种复杂的生命体。"自生长"的过程不仅是外部形态的生长，更是内部结构的生长，它的环境是不确定的，环境随时的改变都会带动生长状态的改变，是一个丰富的生长过程。

图6-26 某城市形象景观设计案例前期理念模型状分析示意

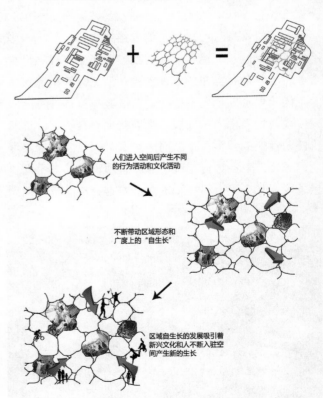

图6-27 某城市形象景观设计案例前期研究模型状分析示意

研究城市形象景观设计的发展趋势。它与我们前面所讲的发展特点不同，发展特点是对行业目前状况的总结，没有超前性。而对发展趋势的讨论面向的是未来，是对未来的美好憧憬。依照在前面所讲的预测方法，可以认为城市形象景观设计将往以下几个方向发展：

6.1.3.1 趋于人性化

人性化是一种观念，指的是使科技、社会、环境的发展与人的生存处境协调，也就是让所有的事与物都围绕着人的活动展开。21 世纪是注重人与生态环境共同生存和发展的时代。

城市中居民是主导者，所有的建设、设计都是为了满足人的物质和精神需求。尤其是现代科技的迅猛发展，给人类生活带了极大便利，因此人的需求成为最重要的关注对象，比如生活环境是否适合居住，是否充满生活气息等。概括地讲，就是越来越充满人情味（图 6-28）。

城市形象景观设计中关键的因素是人，所以设计师的任务就是让人满意，同时处理好设计中的各种关系，比如人与自然生态环境、社会与生态环境之间的复杂关系。从人性化的视角来看，伴随着三十年来改革开放的持续进行，中国进入了新的发展轨道，其中最深入的变革就是人性的解放，人开始成为自由的主体，其潜能得到了自由地发挥。从日常生活的角度看，人们所居住的城市也发生了巨大的转变，原来的城市公共空间是作为集会使用的，如今真正转化为居民日常生活的场所。因此可以讲，新的城市景观及其体现的城市空间充满了新的价值和意义，这就是重视人的体现。具体来讲，城市形象景观设计对人的关注体现在人性场所的设计，比如设计中对空间大小与内部结构的重视，场所色彩、微气候的营造，以及行走、逗

留空间的设计，还有对不同年龄人群的喜好的关注等（图 6-29）。

展望未来，伴随着城市形象景观设计的快速发展，景观设计将越来越重视人的感受，必将向人性化的方向靠拢。

6.1.3.2 趋于生态化

生态化是现代科技工业信息社会的重要特征，也是人类经历长时间的发展总结出的经验和教训（图 6-30）。20 世纪的城市工业化发展带来了诸多问题，其中就包括生态环境问题，例如空气污染问题、水体富营养化问题、植被急剧减少、地面沉降问题等。城市发展过程中出现的这些问题给居民生活带来了负面的影响，使得城市成为了反生态的代号。与此同时，人类共同的母亲——地球面临着严重的资源问题，这是城市的非可持续发展造成的。

现在人类已经开始反思生态环境恶化带来的诸多问题，并把他们的反思实践于最近的城市形象景观设计之中。比如在实际的设计及建设中，人们日益侧重服从生态自身的原则，注意节省资源，注重保护现有的生态环境，以生态学原则作为指导思想来设计城市形象景观成为了大趋势。在城市形象景观设计领域，如今较为常见的做法是构建生态型建筑以及城市建筑的生态改造，较为公认的原则是 3R 设计原则，即 Reduce（减少不利）、Reuse（重复使用）、Recycle（循环使用）。

6.1.3.3 人文观念趋于浓厚

崇尚科技主义的城市形象景观设计虽然带了现代感，让人们领受了现代科技的便利，但同时也不可避免地造成了城市形象景观的僵化与单调，城市景观的多样性和趣味性受到了极大的削弱，城市的时空被异

图 6-28　城市中居民是主导者，城市需要人情味

图 6-29　人性化的场所设计拥有让人放松的材质和色彩

化了,成为现代科技的奴隶,并没有考虑到人的感受,其价值和意义也无法呈现。针对这种情形,一种注重人的城市形象景观设计观念随之流行起来了,并逐渐反映在景观设计的实施中,这就是人本主义的城市形象景观设计。这种设计理念反对形而上的教条,而是从现实的日常生活和居民对城市的心理感受出发,研究人的行为习惯、知觉心理与外界环境之间的相互关系,它的重要特征是强调人的尺度感与生活体验(图6-31)。

首先,人本主义的城市形象景观设计认为城市的形象景观以人的具体尺度为最终尺度,而不是以大尺度作为标准。为了达到这个效果,设计师们从历史传统中一些适合人的城市尺度去学习经验,从当代的优秀城市形象景观设计中借鉴、特色建筑与人行道路等设计类型,并融入现代人的生活方式中。比如从中国古典园林的设计中学习"曲径通幽"的设计方式,把景观小道设计成曲线型的,有助于居民的审美。其次,城市的形象景观设计体现出城市的文化内涵,城市的文化是多元化、流动性的,单调、僵硬的文化是狭隘而乏味的,不是形象景观设计所应该传递的,所以设计会避免单一的、不宜人的设计空间(图6-32)。未来的城市形象景观设计应该体现出有城市特色的文化来,从而超越现实时空对文化的局限。而目前体现文化多元化的设计已经有所体现,正在不断地被付诸予城市形象景观设计及建设的实践中。最后,人本主义的设计观念注重居民对周围环境的归属感与依赖感,认为归属感、依赖感是人类最基本的心理情感需求,其生活工作的城市环境是丰富自身生活、提供审美享受的场所。提倡人本主义的设计,侧重从人的心理角度来研究城市环境,认为人与环境的互动是一个解码过程,人从知觉与联想方面对环境做出反应,从环境中得到暗示与线索,从而满足人的情感需求。而城市形象景观设计的过程实际上就是编码过程,这种编码过程需要同人的心理需求相契合,以达到人与环境的统一,以便人们正确解码。如今人本主义的城市形象景观设计观念越来越被重视,后工业时代的城市设计及建设越来越注重人文关怀。

6.1.3.4 科技化程度愈来愈高

科技信息产业是21世纪最为重要的产业之一,科技发展的成果已经延伸到人们生活的方方面面,也反映在城市形象景观设计中,比如城市空间的立体伸展,

图6-30 未来的生态城市围绕着可持续的理念来规划

图6-31 平易近人的环境

这就是将形象景观在横向发展的同时,地上空间、地下空间、水上空间、水下空间的可利用度越来越大。再者,城市形象景观设计的科技化还体现在设计本身的高科技性上。现在设计家对形象景观的设计资料搜集与推测完全能够借助于地理遥感、测绘技术,比如航天遥感、航空遥感等。同时,还可以通过现代空间信息管理技术,即地理信息系统原理及技术对相关信息进行运算,以便分析评价。最后,其高科技倾向也反映在智能建筑上。智能建筑指通过将建筑物的结构、材料、施工、使用和管理根据居民的物质和精神需求进行最人性化的组合,进而为居民提供一个效率高、

雅致、便捷的人本主义化的建筑居住环境。可以说，智能建筑是现代信息科技产业技术的集大成体现的成果。实现智能建筑的技术主要包括最新的建筑技术、最高端的计算机技术、最高效的电子通信技术和最实用的现代控制技术。如今世界上许多发达国家已经开始出现智能建筑的潮流，日本甚至提出了由智能建筑到智能城市的观念，新加坡也提出了建设智能城市花园的设想。概括地讲，随着现代科技产业的迅速发展，未来城市形象景观设计的科技化程度将会更高（图6-33）。

6.1.3.5 趋于多核心化

21 世纪的城市形象景观设计与以往不同，它不再是单核心的设计，而是逐渐地往多核心发展。20 世纪的城市设计发展遵循着环辐射的原则，然而这种发展模式存在着很大的问题。首先，城市呈辐射式的发展，不断地扩张，规模越来越大，而城市核心的形象景观设计是唯一的，这就导致逐渐远离中心地带的边缘地区无法享受到核心的设计美。其次，城市环辐射呈"摊大饼"的方式不断向外扩展，就很难考虑到不同地势、地形等具体的环境因素，因此不利于打造独特的城市形象景观设计。再次，单一的形象景观核心使自身优势地位突出，但同时也造成了城市中心的压力非常大。

图 6-32　流线型的景观小道

图 6-33　艺术家画笔下的未来科技都市

由于城市,尤其是中国城市中心人口众多,生活压力大,使得中心地带不堪重负。

而城市形象景观设计多核心化正是目前逐渐成为主流的形式,它的优势很多:第一,多中心灵活性大,不同的中心可以结构成不同特点的景观设计,这样就可以因地制宜,合理地安排用地,实现最好的用途。第二,多中心化是集中与分散的有机组合。城市形象景观的分化,中心的多元化,就是把众多的形象景观分散到较为宽阔的环境中,这既造成了景观的合理分布,又不使景观过于拥挤,但缺点是不利于居民的欣赏。而在多中心化的同时又保持适当的集中,即集中各种不同类型的景观设计,使分散到各处的设计因其地理位置的各异而各具特色,这是单一中心的景观设计无法达到的,因此这也是一种"集中"。第三,多中心化使城市形象景观设计更为绿色化。多中心结构的设置为绿色景观提供了足够的空间,因此可在城市建筑之间有计划地插入绿色景观,使得城市更适合人居住(图6-34)。

6.2 城市形象设计的发展趋势

6.2.1 信息时代对城市形象设计的影响

美国学者威廉·米切尔,在《比特之城》一书中描述了神奇的数字化网络空间。资料显示,米切尔的建筑学的背景使他的目光直指数字化未来。他认为在21世纪,人类将不仅居住在由钢筋混凝土构建的"现实"城市中,同时也将栖身于数字通信网络组建的"软城市"里——"比特之城"。

"比特之城"将颠覆人们对传统城市概念的定义,因为那将不再是一个依靠钢筋水泥而构筑的物理的城市。在一个计算机和电信无所不在的世界里,普通的人类进化成了电子公民,人类的极限不断得到突破,身体能力借助电子手段而大大增强;全球化的计算机网络像街道系统一样掌握着"比特城"的根本,发挥着电子会场的作用,它破坏、取代和彻底改写了我们关于集会场所、社区和城市生活的概念;内存容量和屏幕空间成为宝贵的、受欢迎的房地产;后信息高速路时代的建筑以及超大规模的信息企业层出不穷;大多数经济、社会、政治和文化活动转移到了电脑化空间。今天,我们已经一步步不知不觉地迁移到了这个比特城市。

对这个城市来说,最需要的是什么?米切尔认为,作为一座城市,比特城市需要的不仅是硬件设备,更需要软件,或这座城市独特的风格。正如他说,"摆在我们面前的最关键的任务不是敷设数字化的宽带通信线路和安装相应的电子设备(我们毫无疑问能做到这一点),甚至也不是生产可以通过电子手段发行的内容,而是想象和创造数字化的媒介环境,从而使我们能过上我们所向往的生活,并建设我们的理想社区。"

比特之城预报了一种新时代的到来。随着米切尔的叙述,再回顾我们正在经历的网络社会发展的进程,可以发现,它解构了我们的传统认知,传统的建筑类

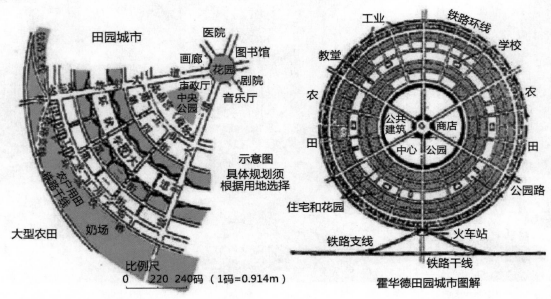

图6-34 霍华德的田园城市理论即是多核化城市的理论基础

型和时空模式等固有认知将受到电子的冲击而陷于瓦解，而随之出现的重组，不仅将深刻影响人类的日常生活，并且也具有深刻的思想意义。

6.2.2　城市空间一体化

传统工业城市的发展强调从功能出发进行城市土地使用的空间分布和层次划分。随着城市的不断发展，由单一功能单元组成的封闭体系已经远远不能满足当代城市生活的多样性、多用性的特质以及各种城市功能之间密切的内在联系。同时，对于大部分城市，特别是一些大城市和特大城市来说，土地资源相对稀缺，对城市土地和空间资源的高效使用十分重要。从城市空间结构的发展从而日渐体现出一种一体化的趋势。

当代城市空间结构一体化发展主要体现在以下几个方面：

（1）城市土地使用由单一向多元化转化。每一个地块往往聚集了各种不同的城市功能。从建筑单体来看，突破了原来建筑功能和空间使用方式相对单纯的发展模式，建筑内部可以包容交通、商业、娱乐、居住等各种功能。

（2）相邻的地块在使用功能和空间上的关联不断加强，形成整体化、规模化的城市建筑群体。

（3）城市土地和城市空间使用立体化。对城市土地和空间的开发利用从地面扩展开，形成地上、地面和地下三位一体的发展方式（图6-35）。

（4）各种不同属性的城市空间之间的联系越来越紧密，特别是建筑空间与城市空间之间出现一体化的趋势，形成完整的城市空间体系（图6-36）。

（5）城市交通在城市空间结构发展中的作用越来越突出。城市交通网络的建立加强了城市空间之间的联系，同时围绕重要的城市交通网络的节点，往往形成以交通功能为核心，复合多种使用功能，空间使用多元化、立体化的城市交通综合体，对城市空间环境的发展产生了重要的影响。

6.2.3　生态文明与城市可持续发展

城市在高速发展，工业时代向后工业时代的转化趋势不可逆转，城市发展模式的转变将直接导致城市的空间结构、用地形态等发生变化。

工业革命带来了前所未有的科学技术和社会经济的发展力量，使欧洲许多城市短时间内在空间上有了

极大的转变，同时，工业革命以后出现的城市的概念以及城市爆炸性的增长率也对城市环境带来了深远的影响。城市人口的激增和城市规模的急速膨胀，打破了原有城市环境的平衡状态。

从这个角度来看，现代城市设计学科的迅速发展不是偶然的，它与世界范围的城市经济社会发展紧密相关。第二次世界大战后，发达国家经过恢复、重建，到了20世纪60年代，经济相继出现飞跃，使许多城市高速发展和更新，随之而来的是城市环境质量却改

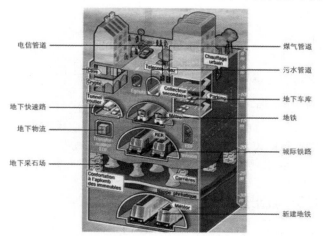

图6-35　城市空间的再利用将是未来城市的发展趋势

图6-36　可以整合城市功能的城市综合体也是未来的发展趋势

善不多，甚至有不断恶化的趋势。目前引起全球广泛关注的"环境"，也就是称之为有"问题"、急需"保护"和"整治"的环境，主要指的就是这种人类所直接依赖的自然资源状况。以这种环境状况为基准，"城市"可以理解为人类对自然资源利用的程度以及由此构成的形态。"城市与自然资源"的关系成为"城市与环境"课题的出发点。自 20 世纪 60 年代以来，出现了不少基于生态学原理的城市和建筑理论、方法与实践。这方面的探索尝试建立"城市与自然资源"之间的最优配置，已逐步形成了一种独特的、区别于普遍流行的'国际式'城市设计定式的城市理论，如生态城市、绿色建筑、可持续发展的城市、节能建筑等。城市的可持续发展，城市的现代化过程，都必须在重视城市的经济、空间、功能等要素发展的基础上，强调城市的生态环境的发展，使之与城市的经济、社会、空间、功能等的发展维持同步，从而不断支持城市的全面发展（图 6-37）。

6.3 城市形象设计的应对策略

6.3.1 城市信息化与城市形象设计

城市信息化体现了科学技术发展与城市发展之间的关系。从城市设计的角度来看，要重新认识城市结构和空间形态的构成方式，城市功能布局、空间体系、交通体系、景观体系等都应该针对信息时代城市发展的特点和要求做出恰当的回应。在城市信息化的时代，城市不但是由各种物质构成要素组成的土地使用体系、空间体系、交通体系和景观体系，也包括了承载信息流动的网络体系（图 6-38）。城市空间环境的营造不但要考虑城市物质要素的分布和构成，也要关注城市要素的网络构成关系，特别是城市功能区和空间节点在整个城市信息网络中的位置。在城市信息化时代，信息网络体系的建立和信息交流、共享的效率是城市形象设计评价和判断城市结构和空间形态发展的重要方面。

信息技术的发展也大大丰富了人类营造城市空间环境的方法和手段。在当前建筑设计和城市规划设计领域内，通过信息技术和电脑手段，对城市建筑的功能、形态，以及人的行为模式、心理感受进行分析和研究，已经成为一种重要的方法。

在一些发达国家，城市信息化的影响已初见端倪，

例如随着信息网络技术的发展，城市发展超越了交通和区位的限制，发展出一个个相对独立的、但又通过网络与其他城市构成单元紧密联系的复合社区，从而在城市结构形态上弱化了城市构成要素的集中，使城市的高效运作和城市生态环境的良好发展之间取得平衡。虚拟空间的出现，也使得一部分依附传统建筑类型进行的社会经济活动和社会交往转移，形成所谓的"网络化生存"，也在一定程度上改变了传统的建筑类型，从而在未来导致城市空间形态的变化（图 6-39）。

6.3.2 城市空间一体化与城市形象设计

城市空间一体化反映在城市发展方面，主要是城市发展项目与周边区域的功能和空间联系不断加强，而在发展项目内部，也存在不同功能和空间之间的相互影响、相互配合、相互穿插，形成统一的整体。

这就要求城市设计在研究城市空间环境发展时，不但要分析城市空间环境构成要素本身的特征和构成方式，更要注重研究要素与要素之间系统构成的整体关系，把城市空间环境视为一种在功能和空间上多层次、多要素复合的动态开放系统，注重它的整体效益。

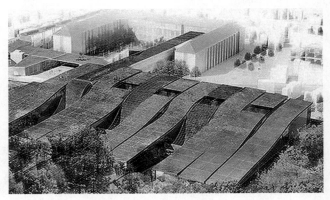

图 6-37　绿色建筑可以为城市的发展注入新的活力

图 6-38　流动的交通网络承载着信息的流动

在功能组织上，研究各种功能配合和层次穿插关系，既要考虑城市空间环境构成单元自身目标的视线，更要注重其作为一个完整系统的组成部分的目标达成，以及各构成单元组成一个完整的系统时的组合效应，并在城市区域的范围内研究某一发展行为同整体城市空间环境的相互作用。

在空间构成上，既要保证各种不同属性空间的相对独立和完整，更要关注不同空间功能分区之间的相互穿插、复合、串联、并联或层叠的关系，特别是在建立建筑空间与城市空间的紧密联系，形成一体化的城市空间体系中更应如此。

6.3.3　城市生态学与城市形象设计

城市生态学作为研究城市人类活动与周围环境之间关系的一门学科，在应用上其目的在于运用生态学原理规划、建设和管理城市，提高资源利用效率，改善系统关系，增加城市活力。

从城市生态学的角度来分析城市及城市设计，必须充分考虑以下三个要素：

（1）城市能源

能源一词涉及的范围很广，它包括一些环境和定性的东西，如阳光、风、湿度、空气质量等，此外，特定地区的地域条件也会影响城市环境的表现，如内在舒适度、健康指数及能源的使用。最大限度地利用现有优势条件来取代人工"制造"的城市设计会降低城市和建筑对环境的危害。如最大限度地使用自然通风就可以限制空调在使用过程中带来的能源的无效使用、有关人体健康问题的产生以及由此带来的污染，因此，能源对城市环境、城市生活、城市小气候、城市空间设计都是非常重要的。

必须注意的是，城市规划和城市设计会影响环境和气候条件，同时也受到他们的影响。这些方面不仅与环境科学有关，而且在社会文化活动方面对城市生活质量也有积极意义，建筑师有责任也有能力控制城市空间的环境质量。

（2）城市密度和能源使用

对城市环境造成影响的主要因素有：风力作用、太阳辐射（直射和漫射）及建筑能源消耗带来的影响，作为城市设计者必须尽力研究这些因素和城市空间的关系（图6-40、图6-41）。从这一点来看，城市的高密度往往被当作环境问题的"罪魁祸首"，其实这

图 6-39　2012 年的全球城市网络关键词提取，突破依附传统建筑类型的网络化生存在未来将导致城市空间形态的变化

是不全面的。因为一方面没有这种高密度及随之而来的社会作用，就没有所谓的城市；另一方面，我们也可以看到，香港等高密度的城市对交通能源的需求就远远少于像休斯敦这样的低密度城市，这是因为城市发展的低密度大大增加了活动的距离，使公共交通变得困难和低效，导致人们对汽车使用的增加，地区内的活动也有类似的问题，人们从家里去工作、购物和娱乐的交通增加了，这样就增加了更多能源供应的流失。因此加强社会活动和工作环境的有机结合就能使能源的使用更为有效和平衡（图6-42）。

（3）城市理论与城市生态

城市化的加剧发展，激化了地球的环境生态问题，随着环境意识增强，有学者开始思索城市发展与生态的关系。如：P. 索莱利借助生态学原理，以植物生态形象模拟城市的规划结构，设想出"仿生城市"。日本三井建设所构想的"子母型城市"设想都市与自然的融和。这些都是对城市人造环境与自然环境结合进行的有益探索。

在过去的 150 年中，曾经出现过很多悲观的城市理论对环境的可持续性持怀疑态度，并预测将有可怕的危机来临，这些充满危机感的城市理论一方面有助于我们保持清醒的头脑，另一方面也造成随后的一些新的城市理论以回避"不可逃脱"的灾难为由对环境问题的研究不够深入。但事实上，对城市的悲观想法一直也在影响城市的环境问题，霍华德的花园城市的构想便是基于减小拥挤的城市压力的需要，让居民远离城市，亲近大自然。在他的《三块磁石》中，城市的不良环境，如污秽的空气、雾、干旱和阴暗的天空变成了郊区清新的空气和明媚的阳光。勒·柯布西耶也在《当代城市》中明确地提出了"绿色城市"的概念。

由此可见，从生态学观点来看，城市犹如一个复

杂的有机体，是一个经济—社会—自然复合生态系统。城市的生态观就是在城市理论探索、建设实践和立法措施等方面运用生态学的知识和原理，确立城市是一个经济、社会、自然复合生态系统的思想。

6.3.4 可持续城市设计，重建人类绿色家园的城市生态设计

20 世纪 50 年代末 60 年代初逐步兴起的城市设计运动，在对 20 世纪 20～30 年代基础上形成的城市规划主流思想——理性主义和功能主义进行反省和批判的过程中，为城市规划思想和方法的变革，提供了基础和先导。城市设计的主要目标是改善和保护人类生存空间的环境质量和生活质量，其主要的考虑内容是城市体型环境。

如果说，城市设计对城市的空间环境质量和城市景观艺术水平具有重要的作用，那么，城市生态设计对于城市人类的长久生存和可持续发展则具有更加重要的意义。城市生态设计必须以生态学为出发点，对城市系统中从简单的到复杂的各种系统、各个层次、各个生物既独立又互相依存的关系予以应有的尊重，构造和谐的城市生态环境。

就可持续城市设计的生态学观念而言，我们可以从以下三个方面去理解：

（1）从"普适设计"到"地域设计"

自 20 世纪 60 年代以来，许多建筑师就开始审视战后开始流行的"国际式"设计，并且尝试用不同的思路来摆脱这种单一的、无地域性的"普适设计"。结合"地域"、"地方"的设计便是其中的一种思潮，"地方生态"常常成为这些设计构思的起点。埃及建筑师哈桑·法斯、印度建筑师查尔斯·柯里亚以及马来西亚建筑师杨经文都对地方气候形成的环境进行了卓有成效的研究与设计实践，探索了一种结合"地方气候"的设计思路。中国建筑师吴良镛在三亚城市设计研究中，也构想了"山—海—河—城"四位一体的城市建筑模式，来保证其自然资源的良性循环，"地方生态设计"为"城市与环境"的和谐提供了一种蓝本。

（2）从"单性设计"到"整体设计"

广义的可持续城市设计强调"整体思维"，提倡以"融贯的综合研究方法"来解决城市、建筑问题。美国建筑师西姆·凡·德莱恩从生态学的角度提出"整体设计"来取代现在普遍流行的"单性设计"，并认为"整

图 6-40 风能发电一直都是维持城市运转必不可少的因素

图 6-41 太阳能电池板

图 6-42 低能耗的公共交通则是未来城市交通发展的趋势

体设计需要把在研究自然体系的生物学中学到的知识运用到对人们所处环境的设计当中"。整体设计注重能量的可循环、低能耗、高信息、开放系统、封闭循环、材料恢复率高、自调节性强、多用途、多样性、复杂性、稳定性、生态形式美学等。整体设计尝试使城市与自然资源环境达到最佳配置。

整体设计作为一种观念和方法，是一种对复杂的环境问题与城市自身问题进行跨学科的研究，以城市与人、城市与自然的整体性为目标，认识系统的整体性与层次性，明确建设活动引起对人不利的环境变化，并对具体的环境污染、生态破坏、资源浪费等提解决的方法和措施。

(3) 从"灰色设计"回归"有机设计"、"绿色设计"

如果绿色代表生命，那么可以说灰色表示无生命。如何合理利用资源，为人类创造更为健康、充满阳光的绿色的城市和建筑环境，具有重要的意义。如前文所言，生态设计是一种整体设计观，如何节约利用能源、有效利用能源，以满足生态的要求是设计工作的核心内容，这是对环境危机的实际回应，而不是出于对形式和风格等问题的考虑。

20 世纪初，美国曾炸毁数幢"灰色公寓楼"，这一事件被建筑评论家称为"现代主义建筑死亡的标志"，面对泛滥成灾的、毫无生命感觉的"灰色城市"、"灰色建筑"，"有机设计"、"绿色设计"则试图另辟蹊径，重新赋予城市以生机。狭义地理解，"绿色设计"是对"灰色钢筋混凝土森林"的反转，是对"技术至上"的矫正；广义地理解，"绿色设计"体现了人类对生命的本能渴求，强调了高技术与适宜技术的协调融合策略——可持续发展的策略。

可持续发展是全体人类社会共同的宏伟目标，它强调了人类的发展必须考虑到对生态环境的影响。可持续性城市设计是以城市的良性发展为目标，注重人类社会生态环境的一种发展。建立生态观念、进行可持续性发展战略是一项系统工程，不可能存在包治百病的灵丹妙药，也不可能存在某种机械性的操作过程。若要将可持续性发展真正落实为一种战略方针和执行措施，则必须一方面通过对以往环境问题的反思，对我们以往的发展观念有一个重新地了解和认识，另一方面完善城市规划、城市设计、建筑设计的作用体制，从总体上对问题进行把握和处理。

6.4　城市形象景观设计的趋势——生态设计

近年来，"生态化设计"一直是人们关心的热点，也是疑惑之点。生态设计在建筑设计和景观设计领域尚处于起步阶段，对其概念的阐释也是各有不同。概括起来，一般包含两个方面：(1) 应用生态学原理来指导设计；(2) 使设计的结果在对环境友好的同时又满足人类需求。参照西蒙·范·迪·瑞恩和斯图亚特·考恩的定义：任何与生态过程相协调，尽量使其对环境的破坏影响达到最小的设计形式都称为生态设计，这种协调意味着设计尊重物种多样性，减少对资源的剥夺，保持营养和水循环，维持植物生境和动物栖息地的质量，以有助于改善人居环境及生态系统的健康。综合起来，生态化设计就是继承和发展传统景观设计的经验，遵循生态学的原理，建设多层次、多结构、多功能的科学植物群落，建立人类、动物、植物相关联的新秩序，使其在对环境的破坏影响最小的前提下，达到生态美、科学美、文化美和艺术美的统一，为人类创造清洁、优美、文明的景观环境 (图 6-43)。

而目前条件下，景观的"生态设计"还未成熟，处于过渡期，需要更清晰的概念、扎实的理论基础以及明确的原则与标准，生态化设计主要有以下设计原则 (图 6-44)：

(1) 地方性原则

首先，应尊重传统文化和乡土知识，吸取当地人的经验。景观设计应根植于所在的地方。由于当地人依赖于其生活环境获得日常生活和物质资料和精神寄托，他们关于环境的认识和理解是场所经验的有机衍生和积淀，所以设计应考虑当地人和其文化传统给予的启示。

其次，应顺应基址的自然条件。场地外的生态要素对基址有直接影响与作用，所以应该使设计不能局限在基址的红线以内；另外任何景观生态系统都有特定的物质结构与生态特征，呈现空间异质性，在设计时应根据基址特征进行具体的对待，考虑基址的气候、水文、地形地貌、植被以及野生动物等生态要素的特征，尽量避免对它们产生较大的影响，从而维护场所的健康运行。

第三，应因地制宜，合理利用原有景观 (图 6-45)。要避免单纯追求宏大的气势和英雄气概，要因地制宜，将原有景观要素加以利用。当地植物和建材的使用，是景观设计生态化的一个重要方面。景观生态学强调生态斑块的合理分布，而自然分布状态的斑块本来就有一种无序之美，只要我们在设计中能尊重它，加以适当的改造，完全能创造出充满生态之美的景观。

(2) 资源的节约和保护原则

保护不可再生资源，作为自然遗产，不在万不得已，不予以使用。在大规模的景观设计过程中，特殊自然景观元素或生态系统的保护尤显重要，如城区和城郊湿地的保护、自然林地的保护；尽可能减少包括能源、土地、水、生物资源的使用，提高使用效率。景观设计中如果合理地利用自然过程，如光、风、水等，则可以大大节约能源；利用废弃的工地和原有材料，包括植被、土壤、砖石等，服务于新的功能，可以大大提高资源的利用率。在发达国家的城市景观设计中，把关闭和废弃的工厂在生态恢复后变成市民的休闲地已成为一种潮流。

景观对能源和物质的耗费体现在整个生命周期之中，即材料的选择、施工建设、使用管理和废弃过程。为此，材料选用原则应以能循环使用、能降解再生为主，而且应提高景观的使用寿命。

(3) 整体性原则

景观是一个综合的整体，它是在一定的经济条件下实现的，必须满足社会的功能，也要符合自然的规律，遵循生态原则，同时还属于艺术的范畴，缺少了其中任何一方，设计就存在缺陷。景观生态设计是对人类生态系统整体进行全面设计，而不是孤立地对某一景观元素进行设计。它是一种多目标设计，既为人类需要，也为动植物需要；既为高产值需要，也为审美需要，设计的最终目标是整体优化。

现代城市景观设计绝不只是建筑物的配景或背景。要相对合宜，要得体，与自然、环境形成统一的整体。广场、街景、园林绿化，从城市到牧野都寄托了人类的理想和追求，注重人的生活体验、人的感受，是人在茫茫宇宙中的栖居之所。美好的景观环境既是未来生活的憧憬，也是历史生活场景的记忆，更是现代生活的空间和系统。景观设计就是要解决人与人，结构与功能，格局与过程之间的相互关系，使自然环境与周围环境充分结合，创造出和谐丰富的外部空间环境。

(4) 多学科综合原则

景观设计涉及科学、艺术、社会及经济等诸多方面的问题，它们密不可分，相辅相成。只有联合多学

图 6-43　宜居的生态城市

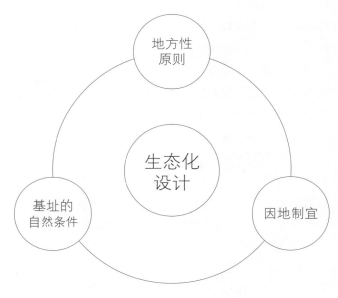

图 6-44　生态化设计原则图示

图 6-45　当地植物会给当地景观设计带来意想不到的效果

科共同研究、分工协作，才能保证一个景观整体生态系统的和谐与稳定，创造出具有合理的使用功能、良好的生态效益和经济效益的高质量的景观。

（5）可持续性原则

从生态学意义上讲，可持续性是为了达到自然资源及其开发利用程度之间的一种平衡，从而保护和加强环境生产和更新的能力。将可持续发展的理念引入到城市景观设计，从而扩大景观设计的领域，而不仅仅停留在传统的设计理念上。可持续发展的理念要求城市景观以人为本，尊重自然，掌握自然的规律、顺应自然，从而减少人工改造自然环境的盲目性，这恰恰也是生态设计的体现；同时要注意把握具体的区域自然环境的特点，在进行景观设计的时候，要尽量避免对原有生态环境的破坏，充分了解景观设计环境生态系统特征，从而尊重环境内其他生物、生态的需求。其次在城市景观设计的过程中，要保护和利用自然资源，尽量使用自然绿色能源，减少污染能源的使用，而减少环境污染公害（图6-46）。总的来说，景观设计的可持续发展理念要求我们在城市景观设计的过程中，以生态发展为基础，尊重生态环境，加强对物质能源的循环再利用，加强对环境的自我维持和可持续处理技术的提倡和使用。

实际上，人们对城市景观的生态规划设计的过程也是实现城市景观可持续发展的过程，它们之间是相互融合渗透的关系，设计的意图是如出一辙的，城市景观设计的可持续发展代表的是一种尊重客观环境，利用绿色的设计技术手段，在营造绿色环境的同时，表达出环境发展的原始美，即人类、生物与自然之间的一种深层次的和谐美。

目前，我国快速的城市化进程，使城市环境建设面临严峻的挑战。景观是城市生态系统中的重要组成部分，对城市生态系统功能提高和健康发展有重要作用。生态设计是直接关系到景观设计成败以及环境质量的非常重要的一个方面，是创造更好的环境、更高质量和更安全的景观的有效途径。但现阶段在景观设计领域内，生态设计的理论和方法还不够成熟，尤其是在环境生态效应、生态工程技术、人的环境心理行为分析等方面都比较薄弱，没有适用于它的生态学原理作为其生态设计的理论基础，因而没有很好地把对保护生态环境、实现可持续发展的概念融汇到景观设计的每一个环节中去。因此，我国景观的生态建设还需要作更大的努力，其可操作性的方法还需进一步探索。

图6-46　城市中的生态设计案例，可以大幅度减弱机动车噪音对周边环的影响

结语

在全球一体化的今天，越来越多的城市需要以其整体形象呈现在世人面前，展现它的个性与风采，体现综合竞争的实力。由于城市的历史背景、发展规模、地理环境、经济状况、管理机制等原因，我国大多数城市整体形象缺乏规划、缺乏整体的全面推广。从现实可以看出，目前我国各城市在进行新一轮城市规划建设过程中出现了"千城一面"的局面，形成城市建设中的"城市形象危机"，造成"建设性破坏"，主要原因在于缺乏对城市形象的整体理念，缺乏明确系统的城市形象体系。

城市形象设计有两方面的内容：硬件系统部分，包括城市布局、城市道路、园林绿化、环境卫生、城市标志和城市色彩（如雕塑、照明、广告、报刊栏）等；软件系统部分，包括政府行为、政府与居民关系、城市文明、城市活动和市民素质等。城市形象设计强调整体性和综合性，包括理念识别、行为识别。在现代，世界自然环境正在不断被人类过度消耗的时候，着重于可持续发展、研究绿色和生态环保成为了城市设计的主题。随着城市化日渐成熟与城镇化进程日益加速，城市问题已越来越受到世界的关注。2000 年世界 1/2 人口居住在城市，而到 2030 年城市人口将达到 60%，21 世纪"人们将以更快的速度进入城市居住区"而将成为一个"城市世纪"。城市化的标志是经济社会的日益发达与进步，但不可避免地带来诸如环境和气候恶化、污染与交通堵塞严重、社会两极分化等城市问题。因此当今最为迫切需要研究和解决的课题是建设以人为核心的良好人类宜居环境。城市形象设计是解决城市问题的一个重要侧面。城市问题的解决涉及三个方面的问题，其中每一个问题都涉及城市形象的设计问题。

一是解决城市问题整体性思维问题。也就是说，

解决城市问题不能头痛医头、脚痛医脚，而应该从整体上去考虑。这其中也牵涉到本书所重点讨论的城市环境艺术问题。吴良镛院士在《人居环境科学导论》中说："一个良好的城市并不是建筑物、构筑物的堆积。它要有舒适、宜人的环境。"因而良好的城市形象无疑是要建设舒适、宜人的城市环境。

二是在全球化成为社会发展不可逆的发展趋势时，亦对城市（或地区）的文化性提出了巨大的挑战。《人居环境科学导论》指出："区域差异是永远存在的，在全球化、信息化时代，城市与地区既要有意识地吸取世界先进的科学技术文化，又要注重全球化、信息化时代，城市与地区既要有意识地吸收世界先进的科学技术文化，又要注重基于地域不同的自然地理、历史、经济、文化条件下，探索科学的地域发展奥路，自觉地对城市和地区特色加以继承、保护和创新，建设具有地区特色的人居环境。"因此本书研究的意义和重大原则之一，就是在城市发展建设中如何通过城市形象景观设计这一环节，实现对历史的、地区的文化性的延续和发扬。

三是人居环境科学，是涉及多学科的交叉学科组群，而不是单一的学科，其城市规划、建筑、景观三位一体构成了学科体系研究的核心框架。城市景观设计系统包括城市设计、建筑学、景观建筑学、色彩学等多学科研究，其研究领域已不仅仅只局限于建筑个体，而是要将城市规划和城市设计融合在一起，以期得以从城市景观的角度总体性控制和把握城市形象。因此从论题研究层面上和切入点来看，城市形象景观设计的研究与人居环境科学的理论和方法论框架是相吻合的。

城市化的迅速发展使城市成为了各国所关注的问题和焦点，人们在分享城市化的文明成果时，亦面临

城市化所带来的社会负担的挑战，如何建设好一个良好的可持续发展的宜居人类居住环境已成为 21 世纪世界各国发展的优先目标，同时亦是本课题研究的目标与基本理论原则之所在。正如《伊斯坦布尔人居宣言》（1996 年）所指出的："在我们迈向 21 世纪的时候，我们憧憬着可持续的人类住区，企盼着我们共同的未来。我们倡议正视这个真正不可多得的，非常具有吸引力的挑战。让我们共同来建设这个世界，使每个人都有个安全的家，能过上有尊严、身体健康、安全、幸福和充满希望的美好生活。"

参考文献

[1] （苏）A.B. 布宁，T·萨瓦连斯卡亚. 城市建设艺术史. 黄海华译. 北京：中国建筑工业出版社，1992.

[2] （英）艾比尼泽·霍华德. 明日的田园城市. 北京：商务印书馆，2000.

[3] （美）凯文·林奇等. 总体设计. 黄富厢等译. 北京：中国建筑工业出版社，1999.

[4] （美）凯文·林奇. 城市意象. 方益萍，何晓军译. 北京：华夏出版社，2001.

[5] （美）凯文·林奇. 城市形态. 林庆怡等译. 北京：华夏出版社，2001.

[6] 张鸿雁. 城市形象与城市文化资本论：中外城市形象比较的社会学研究. 南京：东南大学出版社，2002.

[7] （美）伊恩·伦诺克斯·麦克哈格. 设计结合自然. 黄经纬译. 北京：中国建筑工业出版社，1992.

[8] （英）F. 吉伯德. 市镇设计. 北京：中国建筑工业出版社，1983.

[9] （美）刘易斯·芒福德. 城市发展史：起源、演变和前景. 宋俊岭等译. 北京：中国建筑工业出版社，1989.

[10] （英）尼格尔·泰勒. 1945 年后西方城市规划理论的流变. 李白玉等译. 北京：中国建筑工业出版社，2006.

[11] （美）易利尔·沙里宁. 城市：它的发展、衰败与未来. 顾启源译. 北京：中国建筑工业出版社，1986.

[12] （日）池泽宽. 城市风貌设计. 郝慎钧等译. 天津：天津大学出版社，1989.

[13] 王建国. 城市设计. 南京：东南大学出版社，2011.

[14] （美）约翰·奥姆斯比·西蒙兹. 大地景观：环境规划设计手册. 程里尧译. 北京：中国水利水电出版社，2008.

[15] （英）拉斐尔·奎斯塔，克里斯蒂娜·萨里斯，保拉·西格诺莱塔. 城市设计方法与技术. 杨至德译. 北京：中国建筑工业出版社，2006.

[16] （美）埃德蒙·N·培根. 城市设计. 黄富厢等译. 北京：中国建筑工业出版社，1989.

[17] 徐思淑、周文华. 城市设计导论. 北京：中国建筑工业出版社，1991.

[18] 俞孔坚. 景观：文化、生态与感知. 北京：科学出版社，2000.

[19] 吴家骅. 景观形态学. 北京：中国建筑工业出版社，1999.

[20] 张绮曼. 环境艺术设计与理论. 北京：中国建筑工业出版社，1996.

[21] 沈清基. 城市生态与城市环境. 上海：同济大学出版社，1997.

[22] 吴良镛. 人居环境科学导论. 北京：中国建筑工业出版社，1999.

[23] 刘滨谊. 现代景观规划设计. 南京：东南大学出版社，1999.

[24] 刘滨谊. 城市道路景观规划设计. 南京：东南大学出版社，2002.

[25] 刘滨谊. 城市滨水景观规划设计. 南京：东南大学出版社，2005.

[26] 吴晓松，吴虑. 城市景观设计：理论、方法与实践. 北京：中国建筑工业出版社，2009.

[27] （美）克莱尔·库珀·马库斯，卡罗琳·弗朗西斯著. 人性场所：城市开放空间设计导则. 俞孔坚等译. 北京：中国建筑工业出版社，2001.

[28] 齐康等. 城市环境规划设计与方法. 北京：中国建筑工业出版社，1997.

[29] 李仲信. 城市绿地系统规划与景观设计. 济南：山东大学出版社，2009.

[30] 王绍增. 城市绿地规划. 北京：中国农业出版社，2005.

[31] 孙成仁. 城市景观设计. 哈尔滨: 黑龙江科学技术出版社, 1999.

[32] 赵世伟, 张佐双. 园林植物景观设计与营造. 北京: 中国城市出版社, 2001.

[33] 李峥生. 城市园林绿地规划设计. 北京: 中国建筑工业出版社, 2006.

[34] (日) 芦原义信. 外部空间设计. 伊培桐译. 北京: 中国建筑工业出版社, 1988.

[35] (英) 克利夫·芒福汀. 张永刚等译. 街道与广场. 北京: 中国建筑工业出版社, 2004.

[36] (西班牙) 弗朗西斯科·阿森西奥·切沃. 城市街道与广场. 甘沛译. 南京: 江苏科学技术出版社, 2002.

[37] 沈建武, 吴瑞麟. 城市道路景观设计. 武汉: 武汉大学出版社, 2006.

[38] 文增, 林春水. 城市街道景观设计. 北京: 高等教育出版社, 2008.

[39] 李德华. 城市规划原理. 北京: 中国建筑工业出版社, 2001.

[40] 邓毅. 城市生态公园规划设计方法. 北京: 中国建筑工业出版社, 2007.

[41] 姚时章, 蒋中秋. 城市绿化设计. 重庆: 重庆大学出版社, 1999.

[42] 尹思谨. 城市色彩景观规划设计. 南京: 东南大学出版社, 2004.

[43] 郝洛西. 城市照明设计. 沈阳: 辽宁科学技术出版社, 2005.

[44] 程宗玉, 李记荃, 李远达. 城市园林灯光环境设计. 北京: 中国建筑工业出版社, 2006.

[45] 魏向东, 宋言齐. 城市景观. 北京: 中国林业出版社, 2005.

[46] 孟刚, 李岚. 李瑞冬等. 城市公园设计. 上海: 同济大学出版社, 2005.

[47] 周玉明, 徐明. 景观规划设计. 苏州: 苏州大学出版社, 2006.

[48] 王昀, 王菁菁. 城市环境设施设计. 上海: 上海人民美术出版社, 2006.

[49] 肖笃宁. 景观生态学. 北京: 科学出版社, 2003.

[50] 刘蔓. 景观艺术设计. 重庆: 西南师范大学出版社, 2000.

[51] (日) 日本土木学会. 滨水景观设计. 孙逸增译. 大连: 大连理工大学出版社, 2003.

[52] 林焰. 滨水园林景观设计. 北京: 机械工业出版社, 2008.

致谢

　　近些年，我一直从事着城市形象景观设计相关课题的研究，尤其是在 2008 年负责北京奥运会大型形象景观设计期间。经过奥运会这场艰巨而又紧张的设计，从中感悟体会到很多，城市形象景观设计在城市建设和规划中影响和改变着城市的发展和未来。作为城市的形象景观设计，应该是不折不扣地把当代城市形象写入我们的深刻印象之中。形象景观改变着城市的视觉传达，一座全新的现代城市，是和城市的形象景观设计相辅而生的。且作为一个独立的学科，目前国内城市形象景观设计尚处在发展阶段，总体上还比较薄弱，在这种情形下，本书从现代城市的发展需求着眼，来探讨城市形象景观设计的现状与未来，希望能够对本学科的发展给予贡献和帮助。

　　感谢我的大学老师、清华大学美术学院副院长郑曙旸先生多年来对我的指导和关心，并在繁忙之中为本书作序！

　　感谢我的博士生导师、武汉大学人文社科资深教授刘纲纪先生，为本书提供了宝贵的建议和指导，我非常感动！

　　感谢我的博士生老师、武汉大学范明华教授对本书写作的指导和细心的修改工作！

　　感谢本书参编人员潘婉萍、屈行甫、童娟、代亚明、考晓璇、吴丹、董政等在写作过程中付出的劳动和汗水！

　　感谢本书的责任编辑、中国建筑工业出版社的唐旭、张华为本书的顺利出版付出的努力！

　　因为形象景观设计还处在不断发展之中，本书的阐释和结论难免有不完善之处，希望各位专家批评、指正！